新版 棒针靓丽衫

谭阳春 主编

辽宁科学技术出版社

·沈阳·

本书编委会

主编 谭阳春

编委 王艳青　李玉栋　左金阳　贺梦瑶

图书在版编目（CIP）数据

新版棒针靓丽衫/谭阳春主编. —沈阳：辽宁科学技术出
版社，2010.10
　　ISBN 978-7-5381-6630-9

　　Ⅰ. ①新… Ⅱ. ①谭… Ⅲ. ①绒线—女服—编织—图集
Ⅳ. ①TS941.763.2-64

　　中国版本图书馆CIP数据核字（2010）第164006号

出版发行：辽宁科学技术出版社
　　　　　　（地址：沈阳市和平区十一纬路29号　邮编：110003）
印　刷　者：湖南新华精品印务有限公司
经　销　者：各地新华书店
幅面尺寸：200 mm × 225 mm
印　　张：9
字　　数：41千字
出版时间：2010年10月第1版
印刷时间：2010年10月第1次印刷
责任编辑：众　合
封面设计：天闻·尚视文化
版式设计：湖南新华精品印务有限公司
责任校对：合　力

书　　号：ISBN 978-7-5381-6630-9
定　　价：28.00元

联系电话：024-23284367
邮购热线：024-23284502
E-mail:lnkjc@126.com
http://www.lnkj.com.cn
本书网址：www.lnkj.cn/uri.sh/6630

目 录 COMTEMTS

中灰的色调搭配小巧的配饰，修身的款式勾勒出女性婀娜多姿的线条，圆形的领口配以腰部小巧的细带，质地柔软的衣料时刻呵护着女性细腻的身躯。

做法：P081

蓝色神韵装

做法：P082

深蓝的色调透出迷人的气质，V形开领搭配和谐的扣子，宽条的腰带扎起精致的花结，穿在时尚女性身上，更显淑女高贵的气质。

黄色贵族装

朵朵镂空的花样雕琢在金黄色短袖毛衫上，把普通的毛衫修饰得靓丽多彩，圆形的领口衬托出衣着的美感。

做法：P083

收腰贵族衫

此款收腰型贴身上装符合当今时尚女性的穿着，袖口编织成收缩花纹，既美观时尚又保暖实用。

做法：P084

前卫高贵

粉红的色调与高贵的
设计相互搭配，典雅的立
领上编织出整齐的竖形条
纹，在这款毛衣的品位上
注重了衣着的舒适性。

做法：P085

紧身丽人装

短袖长款的紧身设计，秀出女性完美曲线，彰显都市丽人的气派。

做法：P086

俏丽毛球系带装

毛球系带领结配上帽子，气质非凡，中短宽袖时尚前卫，这款一看就给人以时尚高贵的感觉，女性穿上它既高贵又妩媚。

做法：P087

新版棒针靓丽衫

015

黑色家族装

做法：P088

精致V领加百搭白色小背心的渐入，尽显佳丽风彩，十分养眼。简短宽松的袖口滑出一条精致的饰带，衬托出女人的高贵气质。

做法：P089

热情奔放的红色系列，既经典又添喜庆，蝙蝠衫最吸引人的地方是，纤细的玉臂在宽大的袖口中，随意甩动出美感和动感。

做法：P090～092

V领性感迷人，紫色着装更是透出高贵气质。

做法：P093

两衣片交叉设计，腰侧扣纽装饰，复古又经典，女性穿上它充满古典气息，优雅极了。

做法：P094～095

高雅褶皱衫

　　高贵经典的紫色圆领针织衫，腰部的褶皱起到束身效果，更加衬托出胸部的丰满。

做法：P096～097

高领贵气装

新版棒针靓丽衫

021

做法：P098～100

做法：P101

> 黑能衬托出白，皮肤白皙的办公女性，穿上黑色的毛衫透出更加亮白的肤色，使整个人也变得端庄干练起来。

黄色 镂空衫 做法：P102

柔和的黄色给人以温暖，镂空的花
式交织成美丽的短袖长衫，这款颜色高
贵，若隐若现，给人无限遐想。

新版棒针靓丽衫

此款收腰型，紧缩的衣摆编织出匀称的条纹花样，更能体现出小蛮腰的风情。

做法：P103～104

紧缩的袖口配上宽大的袖身，再加收腰的衣摆，使人精神抖擞，彰显都市丽人的气派。

巾帼 本色装

做法：P105

气质白领装

领口是以大的圆形领结构设计，穿着时里边搭配一件带纯白领子的衬衫，充分展现了都市白领的干练气质。

做法：P106～108

红色交叉短装

红色大领交叉，搭配黑色裹胸的嵌入，明艳性感，腰部交叉处配上同系列的蝴蝶花，打造甜美风格。

做法：P109

优雅立领蝙蝠衫

半合立领衫加上小型"V"领口，这款把女性的高贵、艳丽、娇媚完美地结合在了一起。

做法：P110

时尚休闲针织衫

活力条纹开襟外套，配上开领衬衫巧妙结合，这款让女性的休闲装束更加多姿多彩。

做法：P111～112

扭花点缀的V领，
真是漂亮妩媚极了，
此款虽色调单一，但
是把女性诱人的身姿
表现得淋漓尽致。

做法：P113

简单休闲的款式，高领厚实的设计，红与紫的搭配让衣服层次感鲜明，也能衬托出肌肤的白皙美。

新版棒针靓丽衫

031

做法：P114

美丽 小巧装

新版棒针靓丽衫

032

做法：P115

长袖 **毛衣衬衫**

新版棒针靓丽衫

质地柔软的衣料搭配白色衬衫，彰显女性干练，此款色泽质朴，设计新颖时尚，尽显女性不凡气质。

做法：P116

同色纽扣嵌在中间，把长款毛衣自然分为上下两边レ字状，这款设计新、奇、特，质的闪亮，尽显华贵。

做法：P117

气质名媛装

经典的色调与高贵的设计相互搭配，此款颜色艳丽，凸显女性性感美艳。

做法：P118

百搭高领紧身装

灰色柔软无袖衫与紧身高领的设计，呈现出完美曲线，无论是与短外套还是与宽松披肩搭配都是一绝，使身形完美无限。

做法：P119～120

典雅花边蕾丝装

　　黑色蕾丝搭配的连体裙摆美丽且精致，腰部紧缩的线圈秀出身形，此款独特的设计蕴涵着一股迷人的神韵。

做法：P121

很有特色的褶皱裙摆，甜美的款式设计，乖巧又美丽，让人看了心动。

做法：P122

都市 丽人装

知性优雅L形翻领，靓丽的色调衬托出女性美丽白皙的肤色，手提迷你小包逛街，彰显都市丽人的气派。

做法：P123

紫色淑女装

> 领口是ν领形结构，里边搭配一件花边衬衫，在ν领的修饰中将知性丽人的美展现得淋漓尽致。

做法：P124

优雅腰带装

简单高雅的灰色调，充满和谐气息，细条腰带扎起精致的花结，穿着舒适修身。

做法：P125～126

深沉棕色装

　　棕色调代表健康、含蓄，修身的款式紧贴细腻的肌肤，穿在时尚的女性身上，更显淑女高贵气质。

做法：P127

潇洒竖领拉链衫

简单素雅的灰色长衫，落落大方的立领拉链，彰显女性时尚休闲气质。

做法：P128

妖娆 胸花装

修身的款式紧贴细腻的肌肤，胸前大片的荷叶花，美丽动人。

做法：P129～130

淡雅的灰白长袖衫外套，里边搭配光滑华丽的布料，极富有女性典雅高贵的神态。

做法：P131

明亮天蓝精装

多彩条纹色调的外套，一条长白色的衬衫镶嵌，显得更加有神采，充满女性柔和之美。

做法：P136

别致领口精装

简单的V形外套，看起来素雅至极，衬衫式的结花领口，起到画龙点睛的作用，整件衣服立刻生动起来。

新版棒针靓丽衫

做法：P137～138

柔和、沉静的大海蓝调，给人以释放压抑的情绪，看到蓝色立刻使人心境平和和具有安宁之美。

做法：P139

做法：
P140～141

高雅紫色长装，再加自然随意的款式设计，独特的开襟裁剪，既潇洒又娇媚，穿上它出游一定会有个好心情。

黄色蝙蝠衫一族

甜美高贵的黄色，镂空的花式蝙蝠衬衫设计，精美图案增添靓丽，衣摆编织成收缩花纹，既时尚美观又收腰塑形。

做法：P142～143

黑色玫瑰靓装

修身的款式紧贴细腻的肌肤，腰部以上搭配黑色闪光丝绸设计，凸显了女性胸部的丰满，再加肩膀一侧的花朵嵌入，更是增添了几分优雅的淑女气息。

做法：P144

性感圆领装

简单华丽的外套，搭配精致的彩布图案，看上去很潮，深圆领的设计，展露出的锁骨更是性感极了。

做法：P145～146

高贵气质装

夸张式的花边袖口设计，
宽条的腰带扎起精致的花结，
彰显女性优雅独特的气质。

做法：P147

新版棒针靓丽衫

做法：P148～149

黑色是集合端庄、气势、美的色调，它能让人充满自信地面对职场生活。

黑色短装长袖衫，
搭配胸前的格子锁边
花，优雅淑女极了。

做法：P150～151

成熟气质精装

深V领夹层的设计，优雅迷人，款式越简单越显出时尚。

潮流女郎

一款得体的衣服能穿出时尚潮流先锋，搭配精巧的手提包，让你成为当之无愧的时尚女郎。

做法：P154～155

棕红色精装

衣袖抛松式褶皱结构，很精致的裁剪设计肩部垫高，展现女性高贵气质。V形花边领口将女性的魅力展现无遗。

做法：P156

特色 V 领精装

　　V形领口上的横条设计，独特又有创意，过臀的衣身拉长了身体曲线。

做法：P157

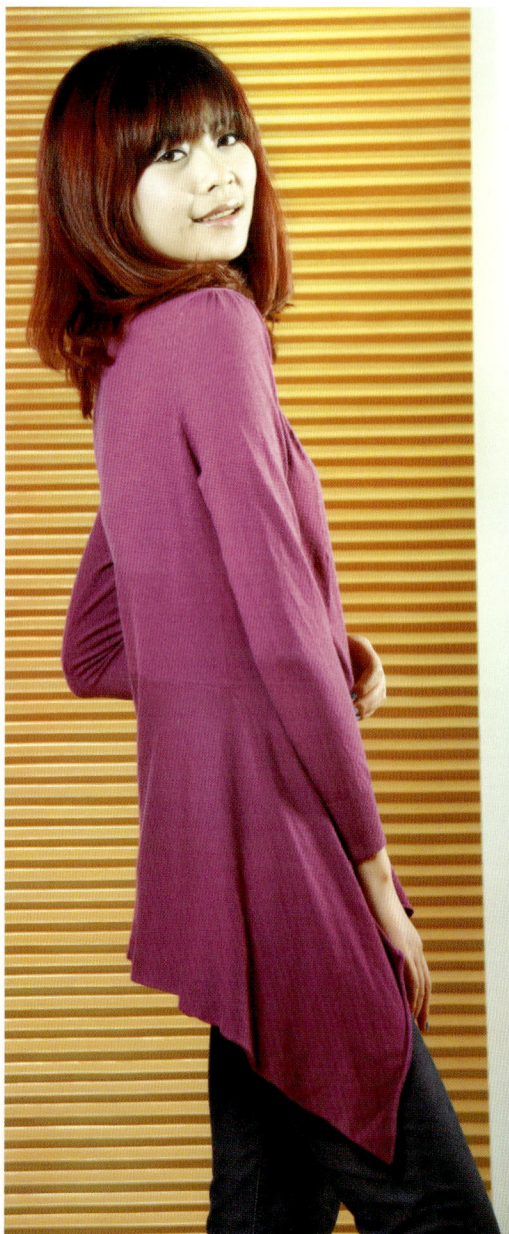

衣摆处的裁剪很有立体感，这款衣服拉长了身体曲线，落落大方的款式，绽放出女性的魅力。

做法：P158

经典 时装

做法：P159

　　宽大的袖子加紧缩的袖口设计，秀出迷人的微笑，很可爱。宽大双领自然垂坠，宽条的腰带扎起精致的花结，彰显女性的高贵气质。

紧缩的袖口配上宽大的袖子，柔和华丽的色调加上收腰的衣摆设计，精神抖擞，彰显都市丽人的气派。

做法：P160

纯黑的款式设计，更显端庄典雅，修身的款式紧贴细腻的肌肤，衬托出肌肤的白皙美丽。

黑色诱惑装

做法：P161~162

新版棒针靓丽衫

俏皮双层装

短小上腰长袖装，深V领里边连体衫，看上去精致有层次感，是一款很俏皮可爱的衣服哦！

做法：P163～164

宽松上装

宽松简短的上装设计，尽显出落落大方的仪态，披肩式的连衣帽，气质优雅，彰显女性气度。

做法：P165～166

　　闪光的银色装饰肩领部分，更加凸显胸部的丰满，浅粉红的裙摆温馨可爱，宽条的腰带扎起精致的蝴蝶结，淑女极了。

做法：P167

金属纽扣交织成圆领，椭圆形状的镂空，衬托出雪白的裹胸，整个衣领边缘用同色系花式加以点缀，秀出了女性气质美。

做法：P168

精致袖珍型蝙蝠衫

新版棒针靓丽衫

优雅高领，彰显女性优雅仪态，白色为底的波浪花纹设计，明亮的颜色抢眼极了，此款收腰型，充分展现了女性时尚前卫的身姿。

做法：P169

新颖活力装

此款颜色艳丽，前衣片与肩部皱褶设计，使女性充满活力。

做法：P170

淑女靓丽衫

此款采用双色，使其层次分明，深色高腰线的设计，使腰部线条完美呈现。

做法：171

别致精美上装

此款采用金闪珠片着于胸前，彰显女性优美身姿。

做法：P172

粉红 **佳人蝙蝠衫**

此款颜色鲜艳，
蝙蝠设计引领潮流。

做法：P173

腰带 **紧身装**

这款使用中长衣身设
计，表露女性纤长身材。

做法：P174～175

此款采用紧身设计，意在表现女性优美、匀称身姿。

做法：P176

V领花边靓衫

这款V形领口加花边，使女性婀娜多姿的身形尽显。

做法：P177

纤薄紧身款

这款设计新颖时尚，引领女性走上时尚之巅。

做法：P178

温柔淡紫装

这款色彩艳丽，款式时尚，
使女性的性感显露无遗。

做法：P179

做法：P180

此款设计大胆新潮，妩媚、时尚、性感大方。

靓丽修身装

【成品规格】胸围 94cm　衣长 80cm　袖长 65cm

【工具】13 号棒针

【材料】灰色绒线

【密度】10cm²：47 针×50 行

【制作过程】起罗纹依照样衣编织前后片，腰部从里层挑起双层放腰带，缝合前后片挑领口编织，袖片完成与正身缝合。

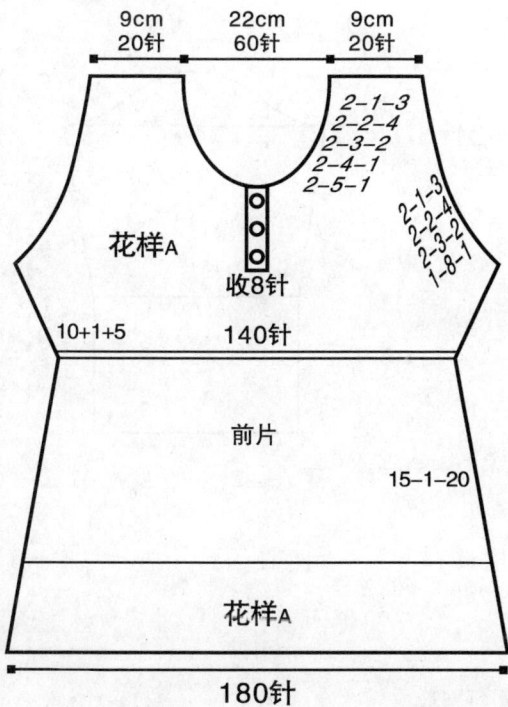

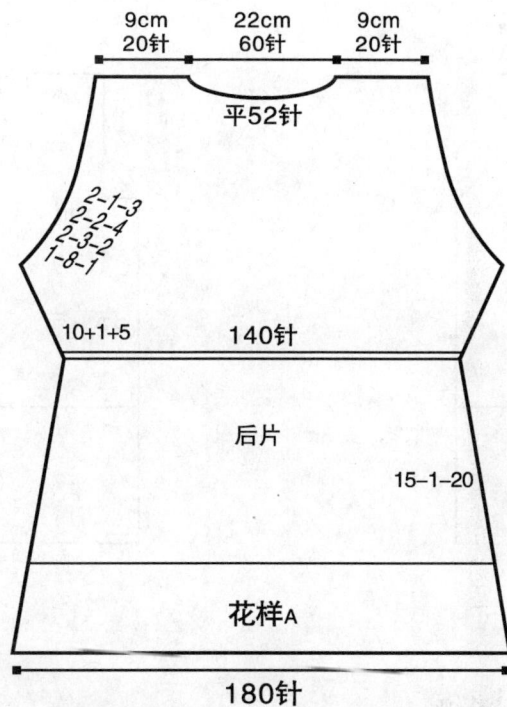

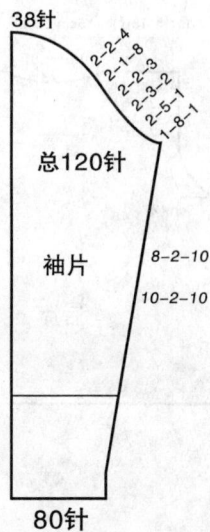

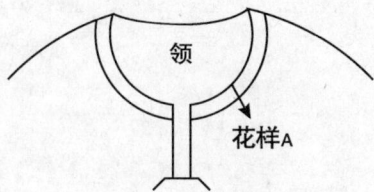

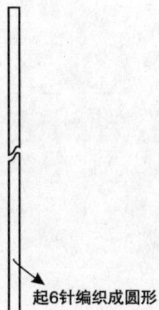

前片

9cm 20针　22cm 60针　9cm 20针

2-1-3
2-2-4
2-3-2
2-4-1
2-5-1

2-1-3
2-2-4
2-3-2
1-8-1

收8针

花样A

10+1+5　140针

前片

15-1-20

花样A

180针

后片

9cm 20针　22cm 60针　9cm 20针

平52针

2-1-3
2-2-4
2-3-2
1-8-1

花样A

10+1+5　140针

后片

15-1-20

花样A

180针

袖片

38针

2-2-4
2-1-8
2-1-3
2-2-3
2-3-2
2-5-1
1-8-1

总120针

袖片

8-2-10

10-2-10

80针

领

花样A

起6针编织成圆形

花样A

I	—	I	I	—	I
I	—	I	I	—	I
I	—	I	I	—	I
I	—	I	I	—	I
I	—	I	I	—	I

蓝色神韵装

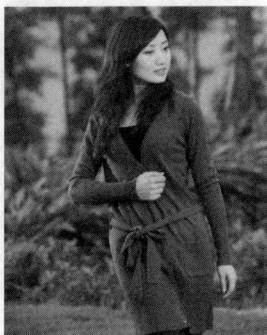

【成品规格】胸围 94cm 衣长 69cm 袖长 54cm
【工具】2mm 棒针 环形针
【材料】纯羊毛线
【密度】10cm²：44 针×53 行
【附件】纽扣 8 枚
【制作过程】本款为开襟长款毛衣，前后片和衣袖按图起双罗纹针，织好后用环形针织一个作门襟的长矩形和另一个作腰带用的长矩形，织两个口袋，然后缝合前后片和衣袖，并把长矩形的门襟和两个口袋缝合。

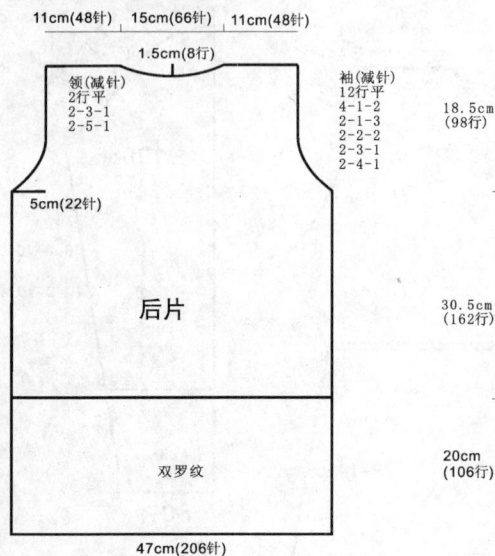

11cm(48针) 15cm(66针) 11cm(48针)
1.5cm(8行)
领(减针)
2行平
2-3-1
2-5-1
5cm(22针)
后片
18.5cm(98行)
30.5cm(162行)
20cm(106行)
双罗纹
47cm(206针)
袖(减针)
12行平
4-1-2
2-1-3
2-2-2
2-3-1
2-4-1

11cm(48针) 7.5cm(33针)
领(减针)
12行平
4-1-2
6-1-4
4-1-10
袖(减针)
12行平
4-1-2
2-1-3
2-2-2
2-3-1
2-4-1
5cm(22针)
左前片
20.5cm(108行)
28.5cm(160行)
20cm(106行)
双罗纹
23.5cm(103针)

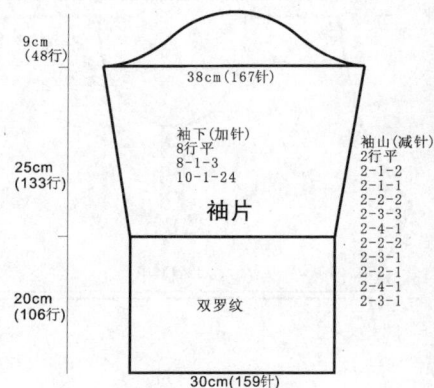

9cm(48针)
38cm(167针)
袖下(加针)
8行平
8-1-3
10-1-24
袖片
袖山(减针)
2行平
2-1-2
2-1-1
2-2-2
2-3-3
2-4-1
2-2-2
2-3-1
2-2-1
2-2-1
2-3-1
25cm(133行)
20cm(106行)
双罗纹
30cm(159针)

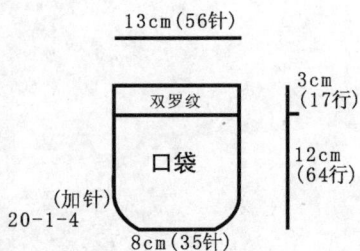

13cm(56针)
双罗纹
3cm(17行)
口袋
12cm(64行)
(加针)
20-1-4
8cm(35针)

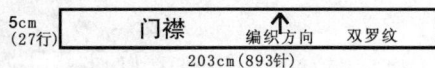

5cm(27行)
门襟
编织方向 双罗纹
203cm(893针)

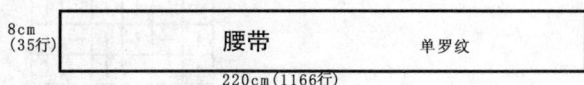

8cm(35行)
腰带
单罗纹
220cm(1166行)

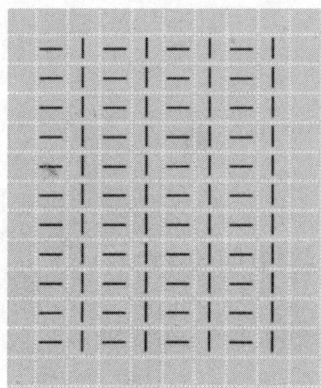

单罗纹

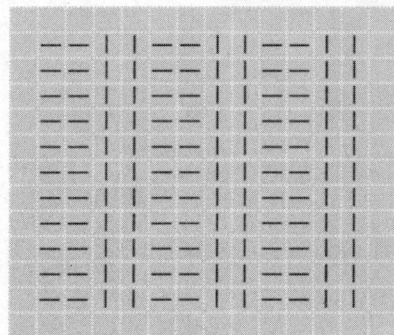

双罗纹

黄色贵族装

【成品规格】胸围 94cm 衣长 69cm 袖长 32cm

【工具】2mm 棒针

【材料】真丝

【密度】10cm²：44 针×53 行

【制作过程】本款为插肩圆领毛衣，前后片按图起针数即编入花样 A，一直织到开领子，织好后衣身，袖子缝合，腰带用 3 条线打一条长辫子带。花样可按花样 A 自由设计。

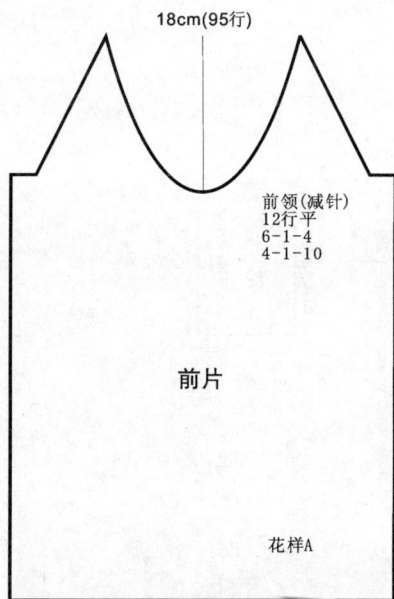

3cm
(13针)　8.5cm
(37针)　24cm(106针)　8.5cm
(37针)　3cm
(13针)

18cm(95行)

前领(减针)
12行平
6-1-4
4-1-10

前片

花样A

47cm(206针)

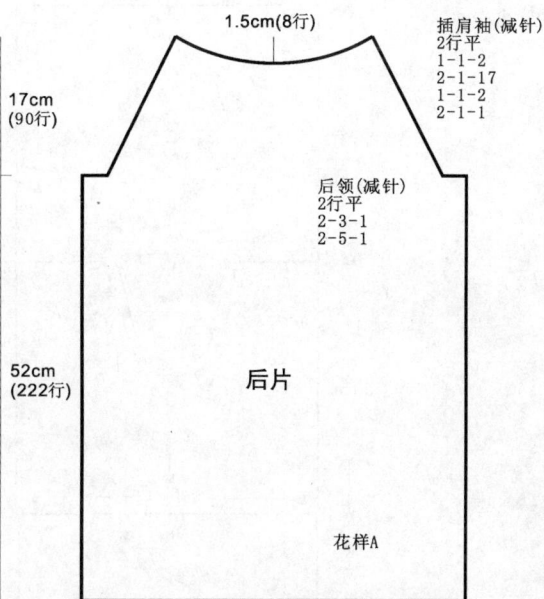

3cm
(13针)　8.5cm
(37针)　24cm(106针)　8.5cm
(37针)　3cm
(13针)

1.5cm(8行)

插肩袖(减针)
2行平
1-1-2
2-1-17
1-1-2
2-1-1

后领(减针)
2行平
2-3-1
2-5-1

17cm
(90行)

52cm
(222行)

后片

花样A

47cm(206针)

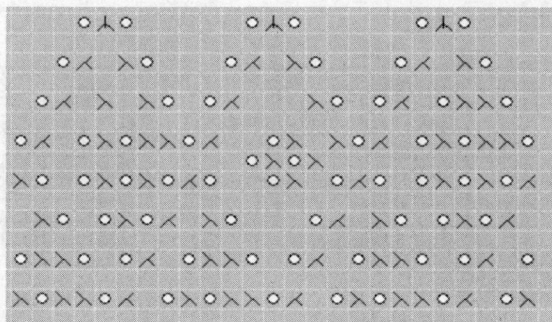

花样A

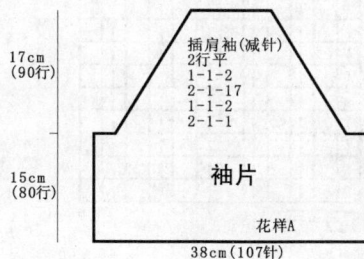

3cm
(13针)　10.5cm
(46针)　11cm
(48针)　10.5cm
(46针)　3cm
(13针)

17cm
(90行)

插肩袖(减针)
2行平
1-1-2
2-1-17
1-1-2
2-1-1

15cm
(80行)

袖片

花样A

38cm(107针)

收腰贵族衫

【成品规格】胸围 96cm　衣长 70cm　袖长 50cm

【工具】1.7mm 棒针

【材料】细羊毛线

【密度】10cm²：44 针×53 行

【制作过程】分前后片，横织，起头平针，在肩部织花样 D，正身织花样 B。照衣样图一一织完缝合。挑衣服底边和袖头织花样 A。领边织 4cm 花样 A。

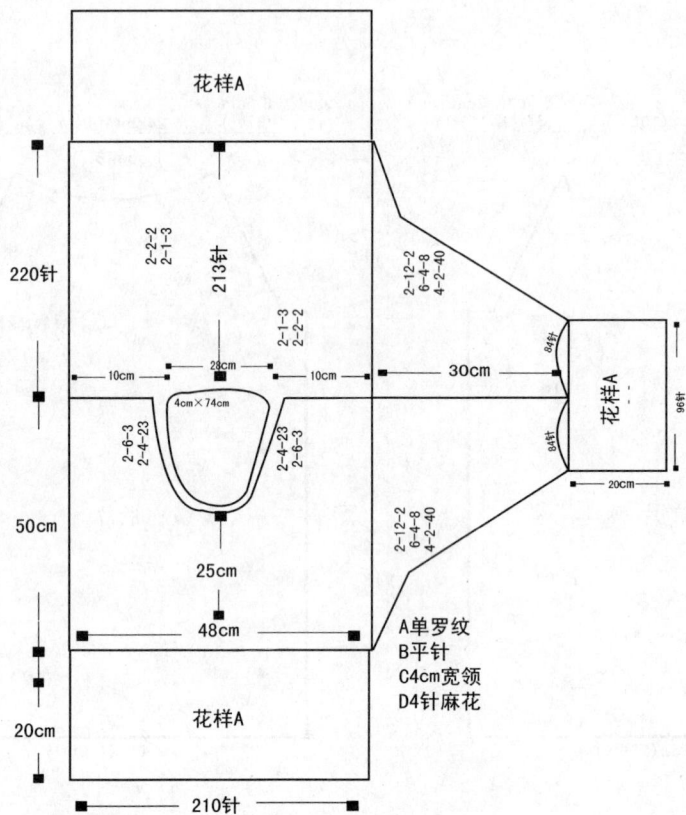

花样A

220针

213针

2-2-2
2-1-3

2-1-3
2-2-2

10cm

28针

10cm

4cm×74cm

2-6-3
2-4-23

2-4-23
2-6-3

50cm

25cm

48cm

20cm

花样A

210针

2-12-2
6-4-8
4-2-40

30cm

84针

花样A

84针

96针

20cm

2-12-2
6-4-8
4-2-40

A单罗纹
B平针
C4cm宽领
D4针麻花

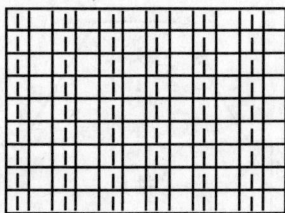

□=□

花样A

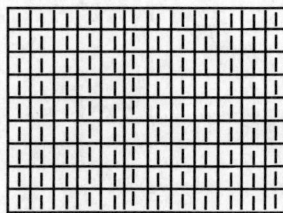

□=□

花样B

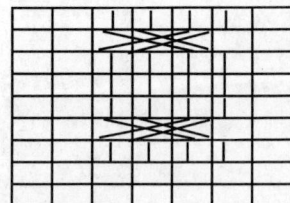

□=□

花样D

前卫高贵

【成品规格】胸围 96cm 衣长 60cm 袖长 53cm

【工具】3.3mm 棒针

【材料】中粗毛线

【密度】10cm²：27 针×36 行

【制作过程】起罗纹边织花样 A，按照样衣依次编织前后片，袖缝合，领挑 240 针织 28cm（双螺纹）。袖起 212 针，罗纹也织 2cm，半分处中间留 2 针，依图减针（2 片）。

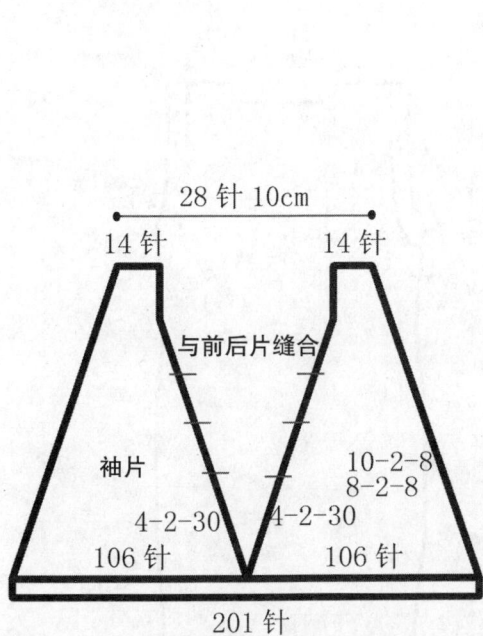

28 针 10cm
14 针　14 针
与前后片缝合
袖片
10-2-8
8-2-8
4-2-30　4-2-30
106 针　106 针
201 针

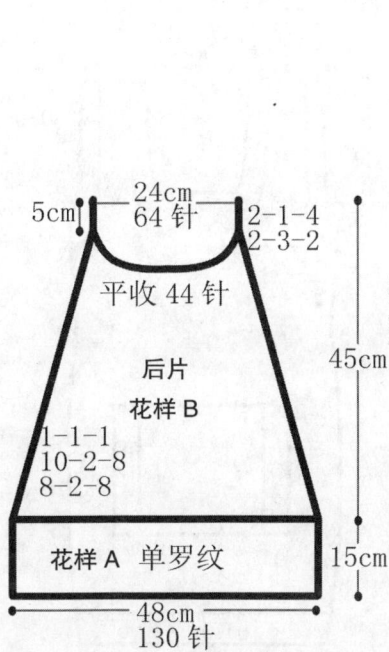

24cm
5cm　64 针　2-1-4
2-3-2
平收 44 针
后片
花样 B
1-1-1
10-2-8
8-2-8
花样 A 单罗纹
48cm
130 针
45cm
15cm

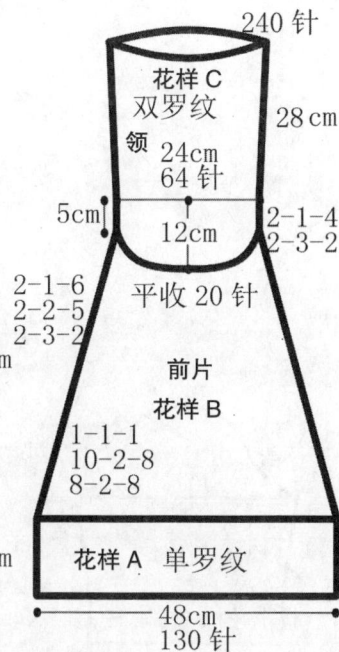

240 针
花样 C
双罗纹
领　24cm
64 针
28cm
5cm　12cm　2-1-4
2-3-2
平收 20 针
2-1-6
2-2-5
2-3-2
前片
花样 B
1-1-1
10-2-8
8-2-8
花样 A 单罗纹
48cm
130 针

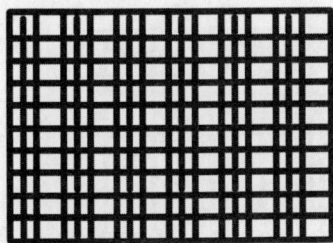

花样 A 单罗纹

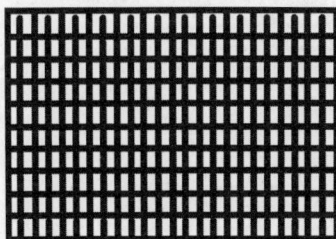

花样 B 平针

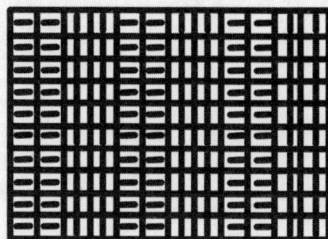

花样 C 双罗纹

紧身丽人装

【成品规格】胸围 100cm 衣长 80cm 袖长 30cm

【工具】1.7mm 棒针

【材料】细羊毛线

【密度】10cm²：44 针×53 行

【制作过程】起头平针织花样 B，织 8cm，对折挑起另一个边，织成双边，按照衣样图织完前后片缝合。挑袖子挂肩处一圈 176 针，织 4cm 单罗纹，锁上边，把织好的袖子缝上。挑领子一圈织花样 A，4cm 单罗纹。

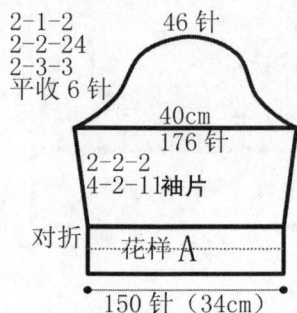

袖片：
2-1-2
2-2-24
2-3-3
平收 6 针
46 针
40cm
176 针
2-2-2
4-2-11 袖片
对折
花样 A
150 针（34cm）

前片：
3cm 24cm 3cm
13 针 106 针 13 针
2-1-5
2-2-5
2-3-3
平收 6 针
17
4cm
50-0-1
4-1-4
2-1-5
2-2-4
2-3-3
平收 54 针
220 针
前片
17-1-4
14-1-4
花样 A
花样 A
10cm
14-1-4
花样 B
212 针（48cm）
11cm
9cm
10cm

后片：
3cm 24cm 3cm
13 针 106 针 13 针
平收 92 针
2-1-3
2-2-2
2-1-5
2-2-5
2-3-3
平收 6 针
4cm
17-1-4
后片
14-1-4
14-1-4
花样 B
212 针（48cm）
18cm
4cm
13cm
10cm
17cm
10cm
8cm

口袋：
4cm 20cm 4cm
17cm
平针
74 针
口袋
单罗纹

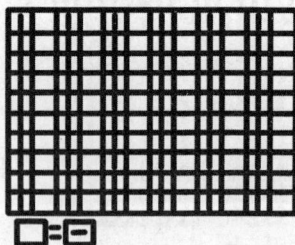

花样A 单罗纹

花样B 平针

俏丽毛球系带装

【成品规格】胸围 96cm　衣长 60cm　袖长 45cm

【工具】1.7mm 棒针

【材料】细羊毛线

【密度】10cm²：44 针×53 行

【制作过程】起罗纹边织花样 A，正身织平针依图加减，袖子起平针织双边 2cm，织花样 B 依图编织，后缝合。

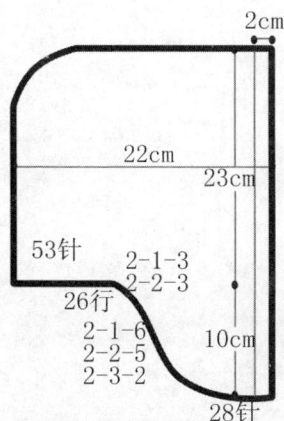

2cm

22cm

23cm

53针

2-1-3
2-2-3

26行

2-1-6
2-2-5
2-3-2

10cm

28针

帽子缝合前边另织2cm双
边穿钩带加两个球

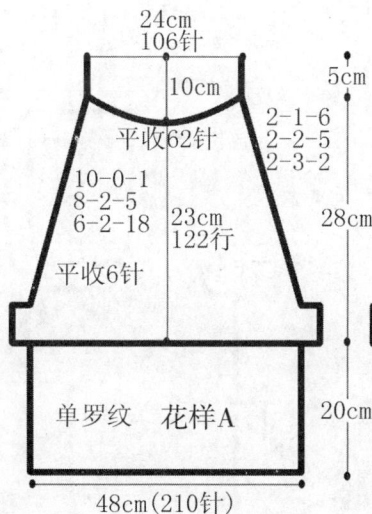

24cm
106针

10cm

平收62针

2-1-6
2-2-5
2-3-2

10-0-1
8-2-5
6-2-18

23cm
122行

平收6针

单罗纹　花样A

48cm（210针）

5cm

28cm

20cm

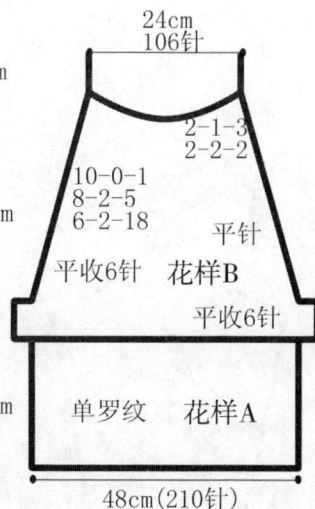

24cm
106针

2-1-3
2-2-2

10-0-1
8-2-5
6-2-18

平针

平收6针

平收6针

花样B

单罗纹　花样A

48cm（210针）

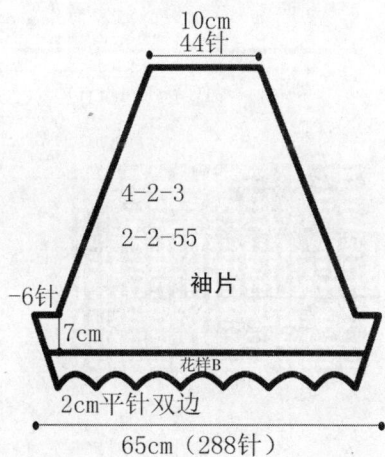

10cm
44针

4-2-3

2-2-55

袖片

-6针

7cm

花样B

2cm平针双边

65cm（288针）

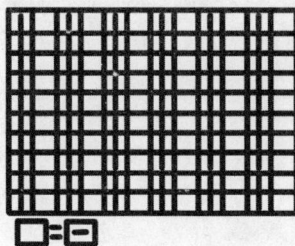

花样A 单罗纹

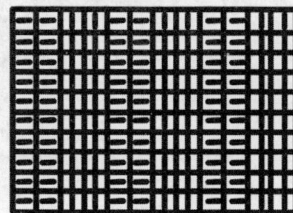

花样B 双罗纹

黑色家族装

【成品规格】胸围 96cm　衣长 56cm　袖长 53cm

【工具】1.7mm 棒针

【材料】细羊毛线

【密度】10cm²：44针×53行

【制作过程】起双罗纹，织前后片，另编织两袖片与正身缝合，前后片缝合后挑针编制领口。

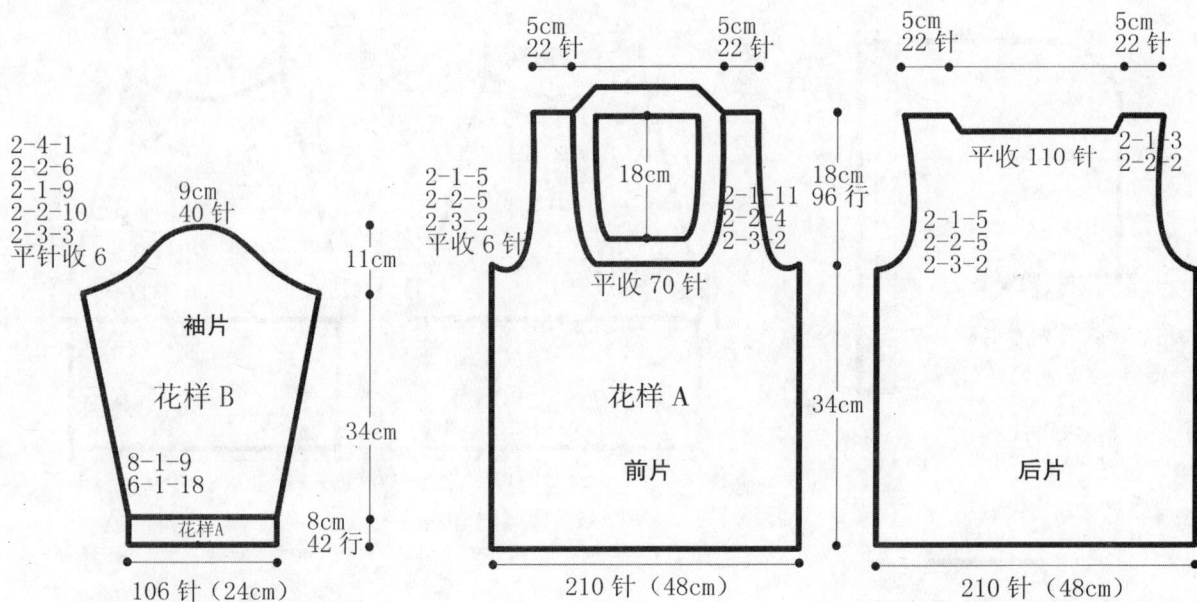

2-4-1
2-2-6
2-1-9
2-2-10
2-3-3
平针收6

9cm
40针

11cm

袖片

花样 B

34cm

8-1-9
6-1-18

花样A

8cm
42行

106针（24cm）

5cm 22针　　5cm 22针

2-1-5
2-2-5
2-3-2
平收6针

18cm

平收70针

2-1-11
2-2-4
2-3-2

18cm
96行

34cm

花样 A

前片

210针（48cm）

5cm 22针　　5cm 22针

平收110针

2-1-3
2-2-2

2-1-5
2-2-5
2-3-2

34cm

后片

210针（48cm）

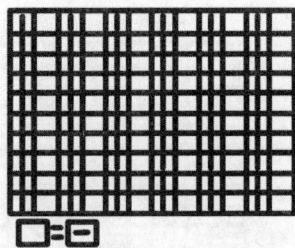

花样 A 单罗纹

花样A

衣领

领：花样A挑起织单罗纹22行（4cm）

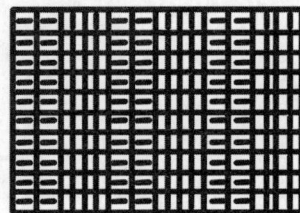

花样 B 双罗纹

华贵蝙蝠短衫

【成品规格】胸围 94cm　衣长 60cm

【工具】2mm 棒针

【材料】纯羊毛线

【密度】10cm²：44 针×53 行

【制作过程】本款为蝙蝠衫式毛衣，前片起 260 针织 106 行单罗纹，编入花样，袖子织单罗纹，领子织单罗纹，按图缝合，带子用于装饰。

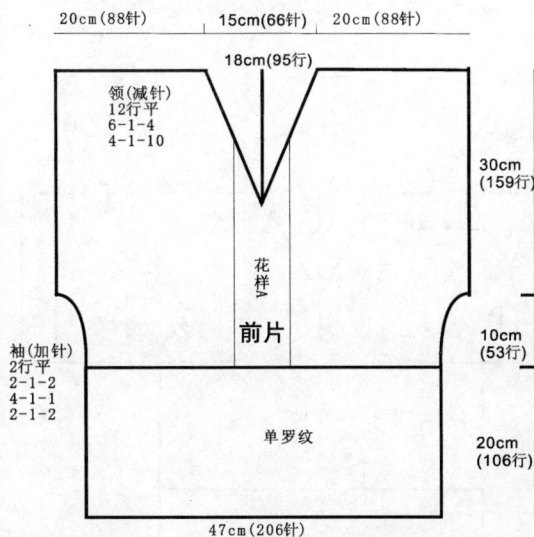

20cm(88针)　15cm(66针)　20cm(88针)

18cm(95行)

领(减针)
12行平
6-1-4
4-1-10

花样A

前片

袖(加针)
2行平
2-1-2
4-1-1
2-1-2

30cm
(159行)

10cm
(53行)

20cm
(106行)

单罗纹

47cm(206针)

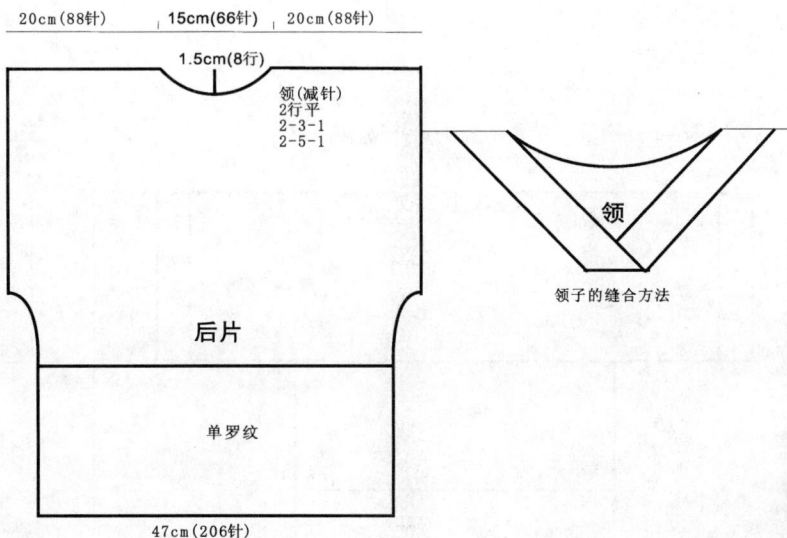

20cm(88针)　15cm(66针)　20cm(88针)

1.5cm(8行)

领(减针)
2行平
2-3-1
2-5-1

后片

单罗纹

47cm(206针)

领

领子的缝合方法

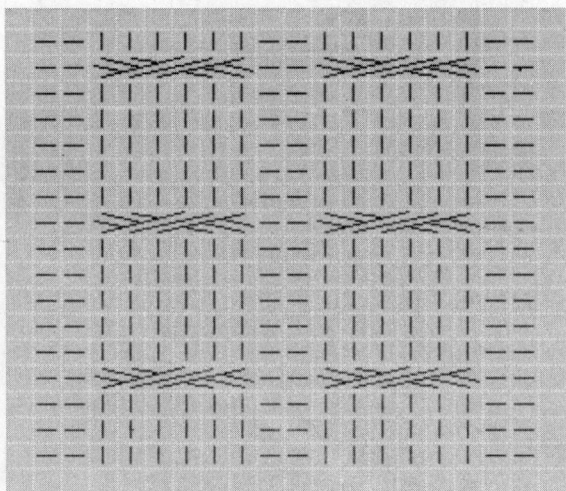

花样A

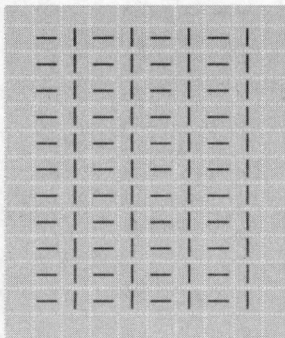

单罗纹

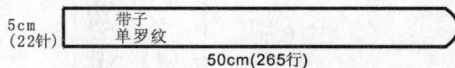

5cm
(22针)

带子
单罗纹

50cm(265行)

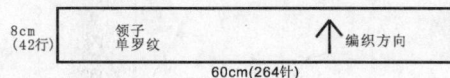

8cm
(42行)

领子
单罗纹

↑编织方向

60cm(264针)

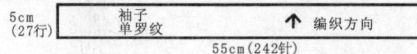

5cm
(27行)

袖子
单罗纹

↑编织方向

55cm(242针)

热情奔放款

【成品规格】胸围 94cm　衣长 64cm　袖长 29cm

【工具】1.5mm 棒针　1.75mm　2mm 棒针

【材料】纯羊毛线

【密度】10cm²：44 针×53 行

【制作过程】本款为高领毛衣，整件毛衣分为 7 片，各片另织，织完按图缝合，在领窝处挑起 228 针织高领 127 针收针。

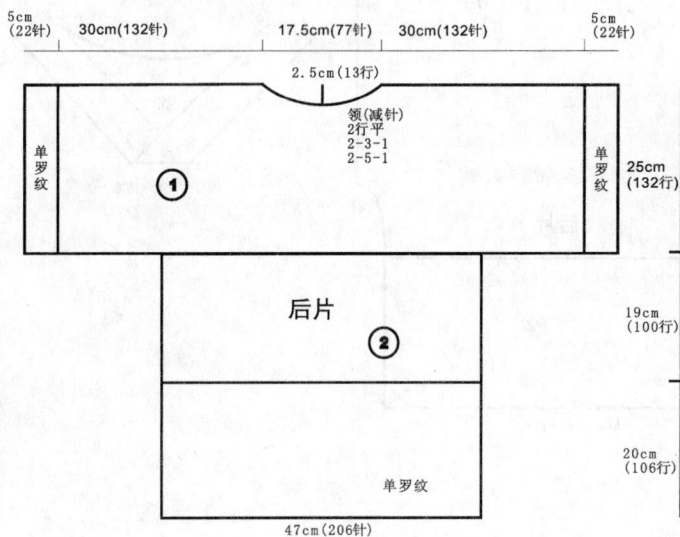

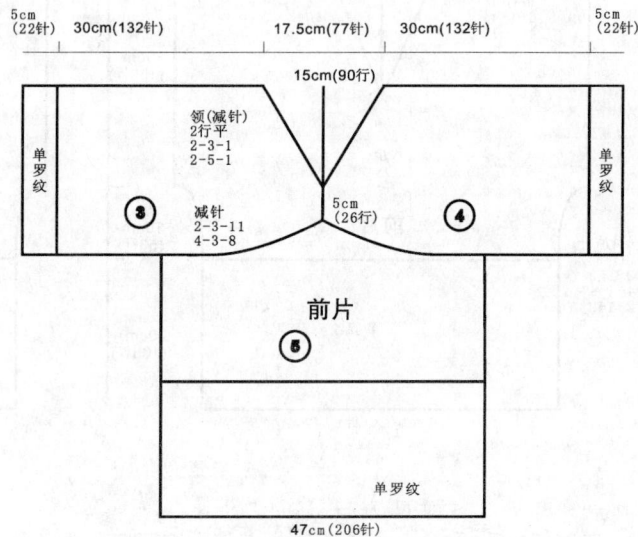

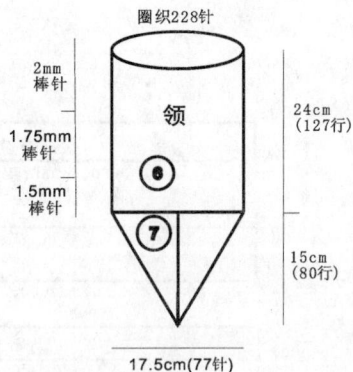

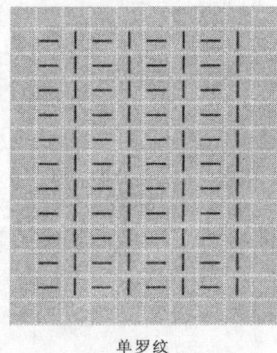

后片

5cm (22针)　30cm(132针)　17.5cm(77针)　30cm(132针)　5cm (22针)

2.5cm(13行)

领(减针)
2行平
2-3-1
2-5-1

单罗纹

① ②

25cm (132行)

19cm (100行)

20cm (106行)

单罗纹

47cm(206针)

前片

5cm (22针)　30cm(132针)　17.5cm(77针)　30cm(132针)　5cm (22针)

15cm(90行)

领(减针)
2行平
2-3-1
2-5-1

减针
2-3-11
4-3-8

5cm (26行)

单罗纹

③ ④ ⑤

单罗纹

47cm(206针)

领

圈织228针

2mm 棒针

1.75mm 棒针

1.5mm 棒针

⑥

⑦

24cm (127行)

15cm (80行)

17.5cm(77针)

单罗纹

热情奔放款

【成品规格】胸围 94cm　衣长 66cm　袖长 27cm

【工具】2mm 棒针

【材料】纯羊毛线

【密度】10cm²：44 针×53 行

【制作过程】本款由前后两片加下摆组成，前后片先按图示起 132 针织单罗纹 15 行，编入花样，织够尺寸再织单罗纹 15 行收针，下摆起 206 针，织双罗纹 227 行收针，织 2 片，然后缝合前后片再缝合下摆。

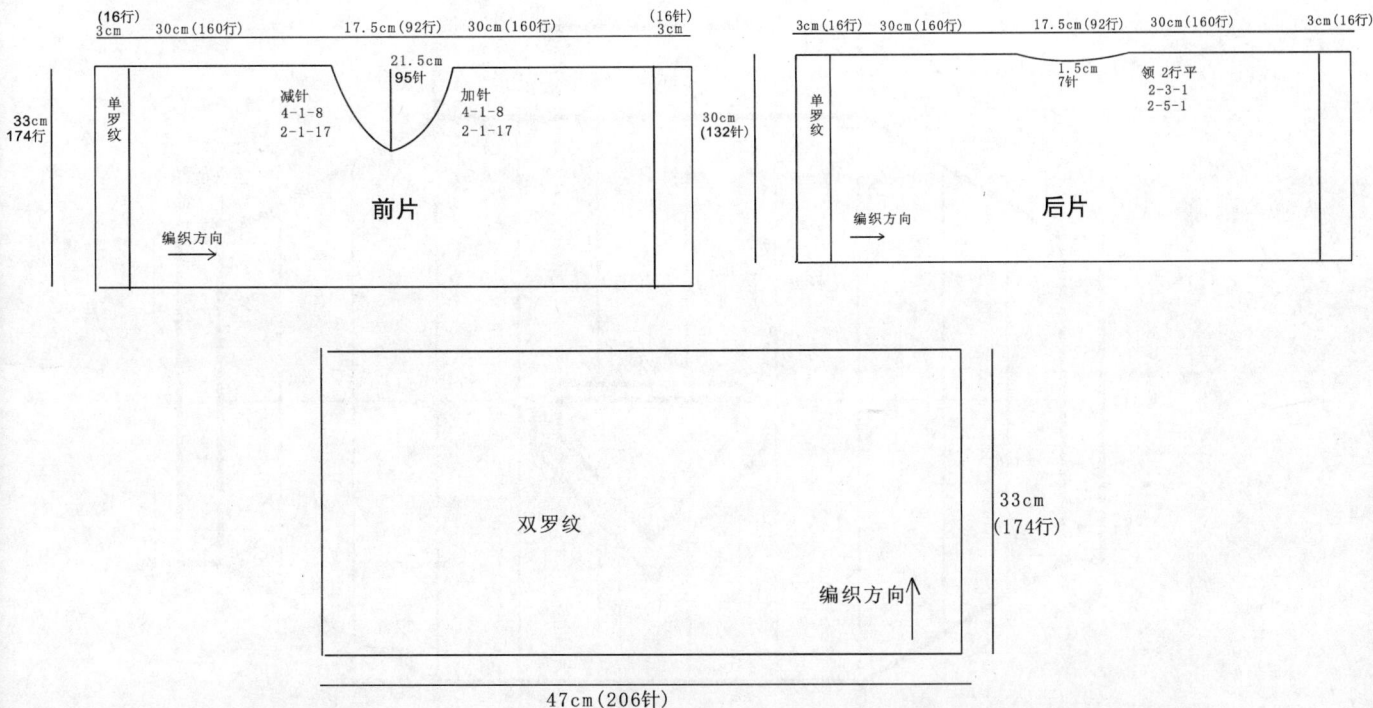

前片

(16行)
3cm　30cm(160行)　17.5cm(92行)　30cm(160行)　(16针)3cm

21.5cm
95针

33cm
174行

单罗纹

减针
4-1-8
2-1-17

加针
4-1-8
2-1-17

30cm
(132针)

编织方向

后片

3cm(16行)　30cm(160行)　17.5cm(92行)　30cm(160行)　3cm(16行)

1.5cm
7针

领 2行平
2-3-1
2-5-1

单罗纹

编织方向

双罗纹

33cm
(174行)

编织方向

47cm(206针)

热情奔放款

【成品规格】胸围 96cm 衣长 55cm 袖长 27cm
【工具】1.7mm 棒针
【材料】细羊毛线
【密度】10cm²：44 针×53 行
【附近】亮片少许
【制作过程】起 210 针织单罗纹（花样 A15cm），前后片通织花样 B 和花样 C，同时加针织袖（照图解），中间留领继续够袖口肥，收针至 210 针，织花样 A15cm 锁机器边，领口、袖口挑针另织 4cm 单罗纹。

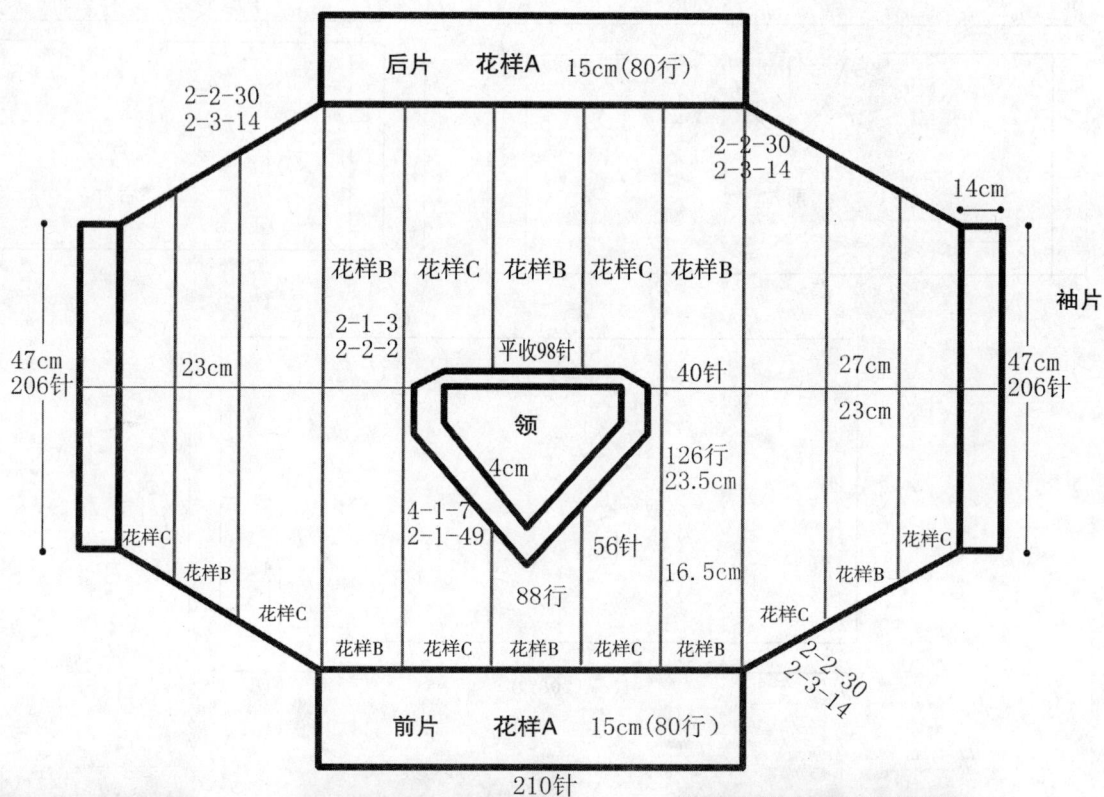

后片　花样A　15cm(80行)

2-2-30
2-3-14

2-2-30
2-3-14

14cm

花样B　花样C　花样B　花样C　花样B

2-1-3
2-2-2

平收98针

40针

27cm

袖片

47cm
206针

23cm

领

4cm

126行
23.5cm

23cm

47cm
206针

4-1-7
2-1-49

56针

16.5cm

花样C

花样B

花样C

花样B

88行

花样C

2-2-30
2-3-14

花样C

花样B

花样C

花样B　花样C　花样B　花样C　花样B

前片　花样A　15cm(80行)

210针

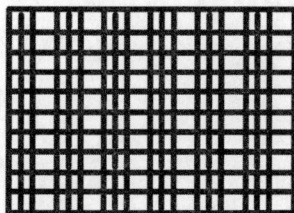

花样A 单罗纹

花样B

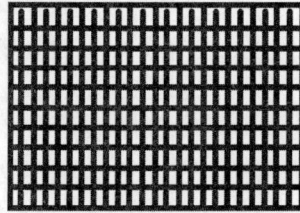

花样C 平针

典雅 V 领装

【成品规格】胸围 94cm　衣长 65cm　袖长 55cm

【工具】2mm 棒针

【材料】纯羊毛线

【密度】10cm²：44 针×53 行

【制作过程】本款下摆为裙式的长袖毛衣，前片起针时领尖下起 5cm 的单罗纹，减针时 5cm 的单罗纹不减，只减衣片，其余为下针，后片衣袖为下针，下摆与衣片缝合时打皱褶。

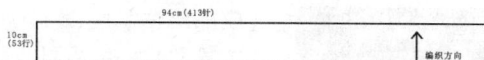

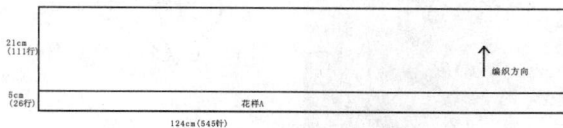

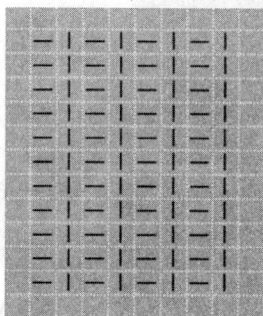

94cm（413针）
10cm（53行）
编织方向

21cm（111行）
8cm（26行）
124cm（545针）
花样A
编织方向

前片
11cm（48针）　15cm（66针）　11cm（48针）
15cm（79行）
领（减针）
12行平
6-1-4
4-1-10
袖（减针）
12行平
4-1-2
2-2-2
2-3-1
2-4-1
5cm（22针）
18.5cm（80针）　18.5cm（80针）
5cm（22针）　5cm（22针）
花样A　花样A

后片
11cm（48针）　15cm（66针）　11cm（48针）
1.5cm（8行）
领（减针）
12行平
2-3-1
2-5-1
袖（减针）
12行平
4-1-2
2-2-2
2-3-1
2-4-1
18.5cm（98行）
10.5cm（55行）
5cm（22针）
47cm（206针）

花样A

前片
20cm（88针）　45cm（198针）　24cm（105针）　45cm（198针）　20cm（88针）
15cm（80行）
单罗纹
领（减针）
12行平
4-1-10
袖（加针）
2-1-2
4-1-1
6-1-18
单罗纹
单罗纹
编织方向
15cm（80行）
35cm（185行）
20cm（106行）
47cm（206针）

后片
20cm（88针）　45cm（198针）　24cm（105针）　45cm（198针）　20cm（88针）
1.5cm（8行）
单罗纹
领（减针）
12行平
6-1-4
4-1-10
袖（加针）
2-1-2
4-1-1
6-1-18
单罗纹
单罗纹
编织方向
15cm（80行）
35cm（185行）
20cm（106行）
47cm（206针）

单罗纹

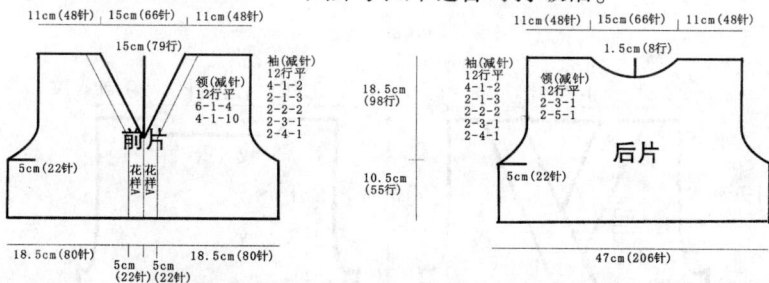

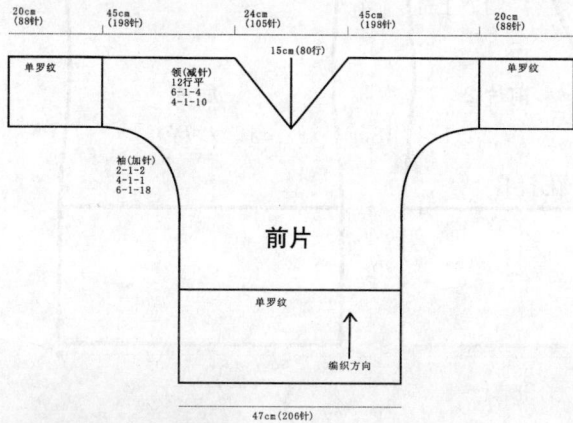

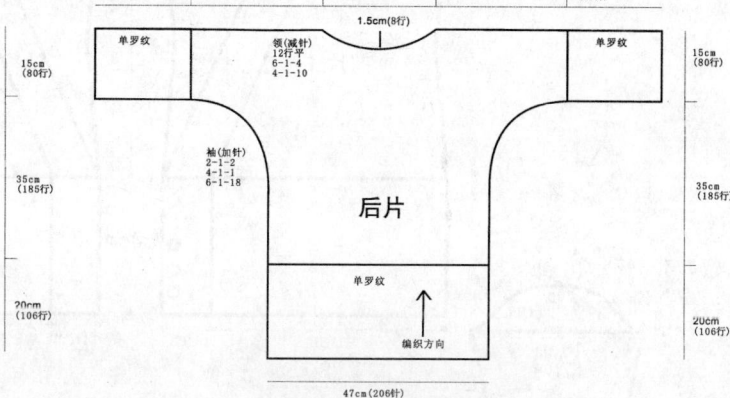

【成品规格】胸围 94cm　衣长 60cm　袖长 55cm

【工具】2mm 棒针

【材料】纯羊毛线

【密度】10cm：44 针×53 行

【制作过程】本款为蝙蝠袖长袖毛衣，前后片各起 206 针，单罗纹，织 106 行后改织下针，按图织完前后片缝合。

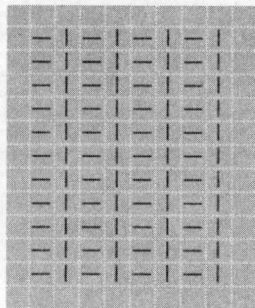

古典气息丽人装

【成品规格】胸围 110cm 衣长 70cm 袖长 58cm

【工具】1.7mm 棒针

【材料】细羊毛线

【密度】10cm²：44 针×53 行

【制作过程】起头单罗纹，织 A 花样，正身织花样 B，两个前片比一般衣服肥，依照衣样图织完缝合，A：单罗纹，B：平针，C：门襟 10cm×98cm，门襟两条在后面缝合。

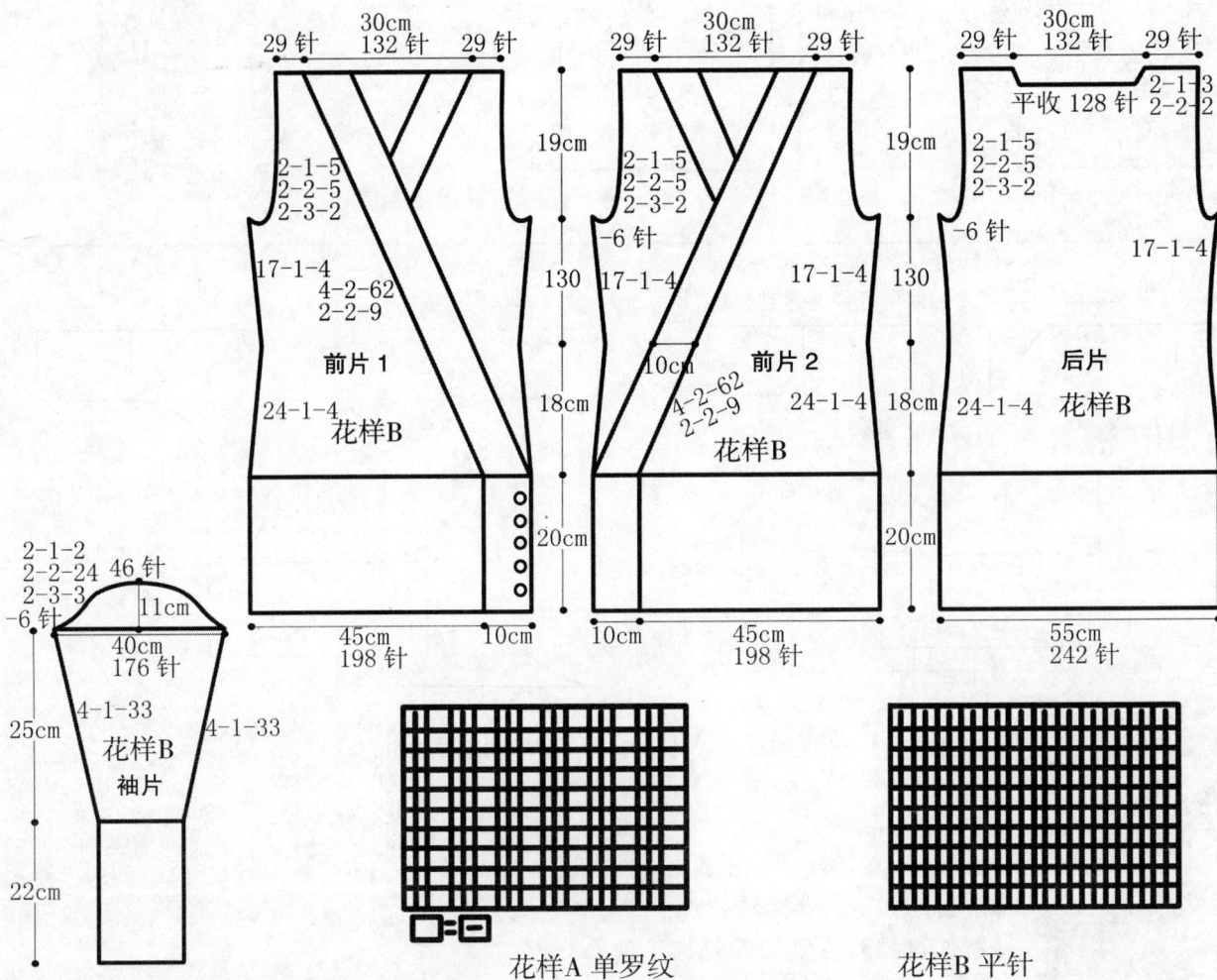

前片 1

29 针 ─ 30cm 132 针 ─ 29 针

19cm

2-1-5
2-2-5
2-3-2

17-1-4
4-2-62
2-2-9

130

花样B

18cm

24-1-4

20cm

45cm
198 针

10cm

前片 2

29 针 ─ 30cm 132 针 ─ 29 针

19cm

2-1-5
2-2-5
2-3-2

-6 针

17-1-4   17-1-4

130

10cm

4-2-62
2-2-9

花样B

24-1-4

18cm

20cm

10cm   45cm
198 针

后片

29 针 ─ 30cm 132 针 ─ 29 针

平收 128 针   2-1-3
2-2-2

19cm

2-1-5
2-2-5
2-3-2

-6 针

17-1-4

130

花样B

18cm

24-1-4

20cm

55cm
242 针

袖片

2-1-2
2-2-24   46 针
2-3-3
-6 针

11cm

40cm
176 针

25cm

4-1-33   花样B   4-1-33
袖片

22cm

花样A 单罗纹   花样B 平针

古典气息丽人装

【成品规格】胸围 94cm　衣长 60cm　袖长 54cm

【工具】2mm 棒针　环形针

【材料】纯羊毛线

【密度】10cm²：44 针×53 行

【制作过程】本款为时尚型长袖毛衣，前后片分前片 1 和前片 2 按图起针，前片花边为一个长矩形，用环形针织好后，打皱褶缝在前片上，前片 1 和前片 2 重合与后片缝合，再缝合衣袖。

后片：

11cm(48针)　15cm(66针)　11cm(48针)

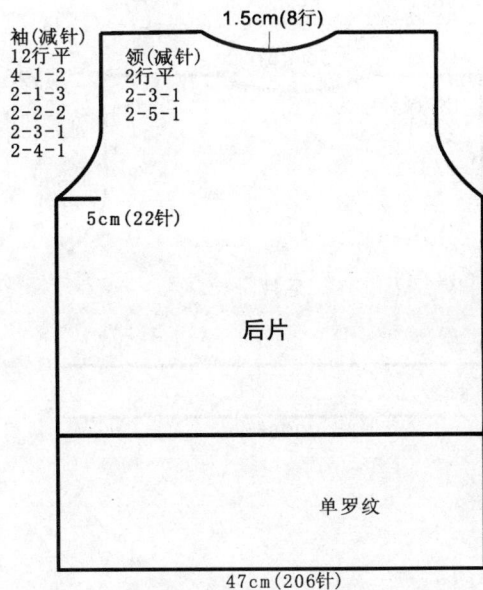

1.5cm(8行)

袖(减针)
12行平
4-1-2
2-2-2
2-3-1
2-4-1

领(减针)
2行平
2-3-1
2-5-1

5cm(22针)

26.5cm(140行)

15cm(80行)

单罗纹

47cm(206针)

前片 1：

11cm(48针)　31cm(136针)

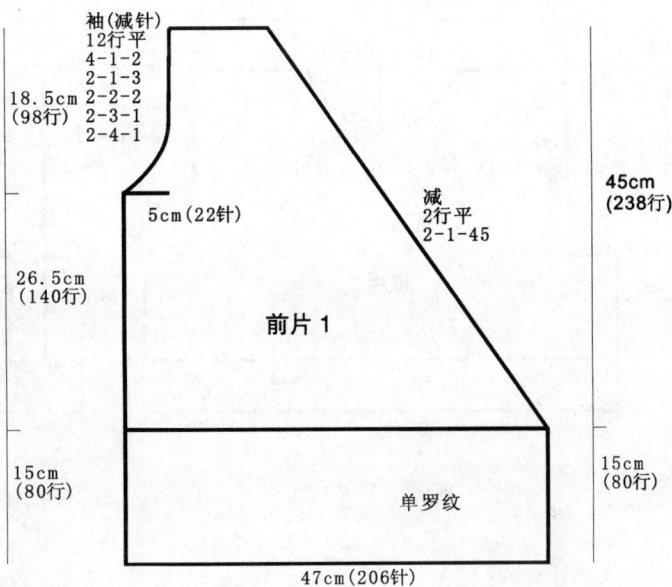

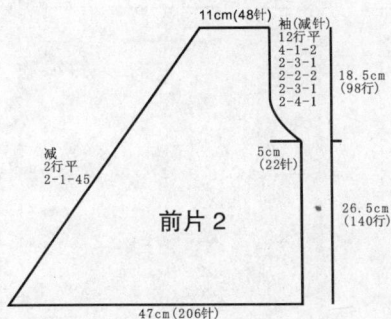

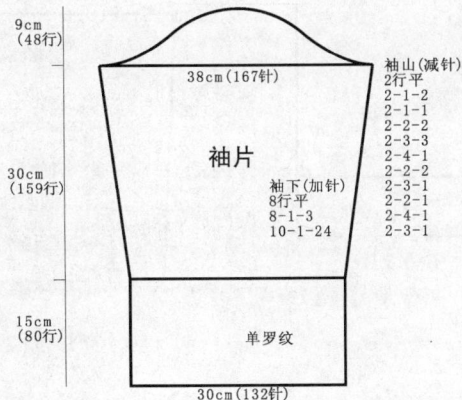

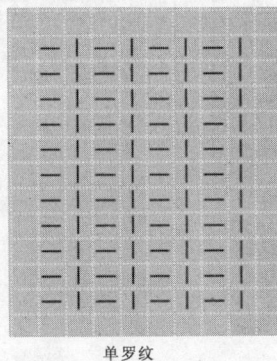

袖(减针)
12行平
4-1-2
2-1-3
2-2-2
2-3-1
2-4-1

18.5cm(98行)

45cm(238行)

5cm(22针)

减
2行平
2-1-45

15cm(80行)

单罗纹

47cm(206针)

前片 2：

11cm(48针)

袖(减针)
12行平
4-1-2
2-3-1
2-2-2
2-3-1
2-4-1

18.5cm(98行)

减
2行平
2-1-45

5cm(22针)

26.5cm(140行)

前片 2

47cm(206针)

花边　↑编织方向

5cm(27行)

300cm(1320针)

袖片：

9cm(48行)

38cm(167针)

袖山(减针)
2行平
2-1-2
2-1-1
2-2-2
2-3-3
2-4-1
2-2-2
2-3-1
2-4-1
2-3-1

30cm(159行)

袖下(加针)
8行平
8-1-3
10-1-24

袖片

15cm(80行)

单罗纹

30cm(132针)

单罗纹

高雅褶皱衫

【成品规格】胸围 94cm　衣长 69cm　袖长 54cm

【工具】2mm 棒针

【材料】纯羊毛线

【密度】10cm²：44 针×53 行

【制作过程】本款为长款圆领毛衣，前后片按图织好后下摆另织，与前后片缝合，缝合时为明线，衣袖打皱褶与袖口同样是另织明线缝合。

8cm
(42行)

单罗纹
袖口

30cm
(132针)

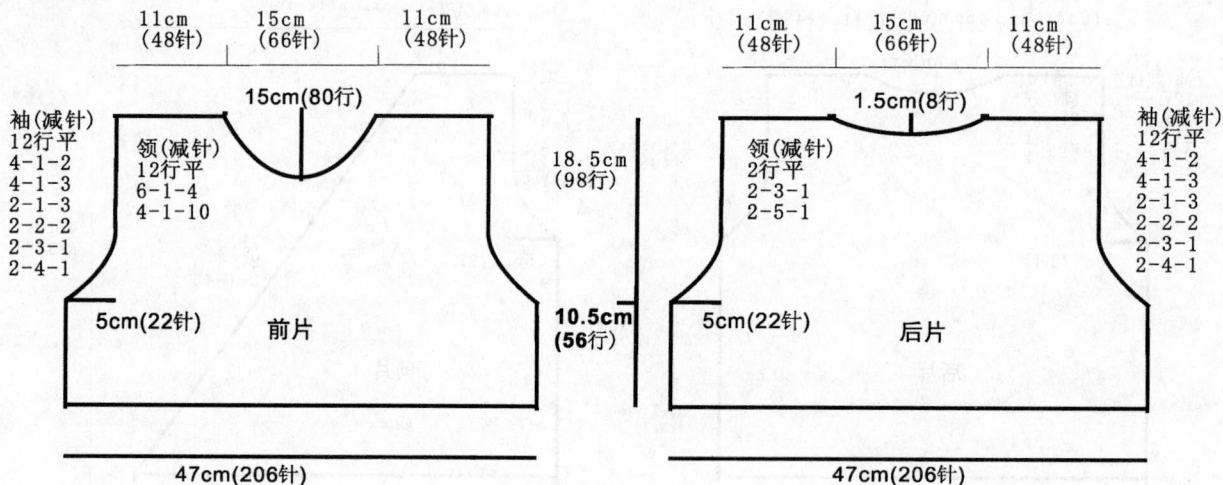

11cm
(48针)　15cm
(66针)　11cm
(48针)

15cm(80行)

袖(减针)
12行平
4-1-2
4-1-3
2-1-3
2-2-2
2-3-1
2-4-1

领(减针)
12行平
6-1-4
4-1-10

5cm(22针)

前片

47cm(206针)

11cm
(48针)　15cm
(66针)　11cm
(48针)

1.5cm(8行)

18.5cm
(98行)

领(减针)
2行平
2-3-1
2-5-1

袖(减针)
12行平
4-1-2
4-1-3
2-1-3
2-2-2
2-3-1
2-4-1

10.5cm
(56行)

5cm(22针)

后片

47cm(206针)

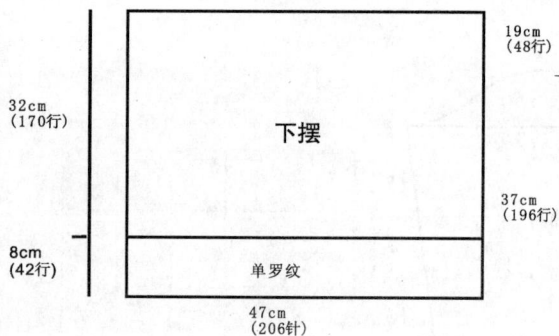

32cm
(170行)

下摆

8cm
(42行)

单罗纹

47cm
(206针)

19cm
(48行)

38cm(167针)

袖山(减针)
2行平
2-2-2
2-1-1
2-2-2
2-3-3
2-4-1
2-2-2
2-3-1
2-2-1
2-4-1
2-3-1

袖下(加针)
8行平
8-1-3
10-1-24

37cm
(196行)

袖片

35行(154针)

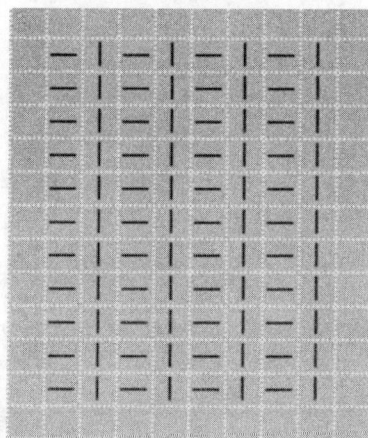

单罗纹

高雅褶皱衫

【成品规格】胸围 94cm　衣长 69cm　袖长 54cm

【工具】2mm 棒针

【材料】纯羊毛线

【密度】10cm²：44 针×53 行

【附件】纽扣 3 枚

【制作过程】此款为长袖毛衣，先织前片，起单罗纹，门襟按花样 A 起花，下摆织好，与前后片衣袖缝合。缝合时在下摆缝合处打褶皱。

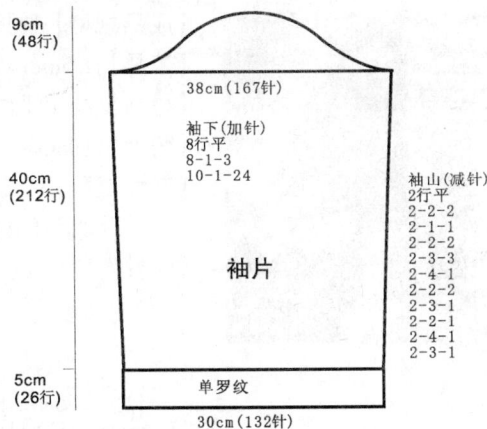

袖片

9cm（48行）

38cm（167针）

袖下（加针）
8行平
8-1-3
10-1-24

40cm（212行）

袖山（减针）
2行平
2-2-2
2-1-1
2-2-2
2-3-3
2-4-1
2-2-2
2-3-1
2-2-1
2-4-1
2-3-1

5cm（26行）

单罗纹

30cm（132针）

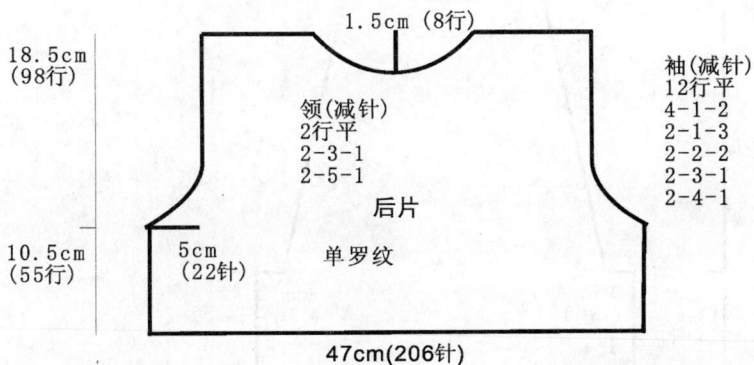

11cm（48针）　15cm（66针）　11cm（48针）

1.5cm（8行）

18.5cm（98行）

领（减针）
2行平
2-3-1
2-5-1

袖（减针）
12行平
4-1-2
2-1-3
2-2-2
2-3-1
2-4-1

后片

单罗纹

10.5cm（55行）

5cm（22针）

47cm（206针）

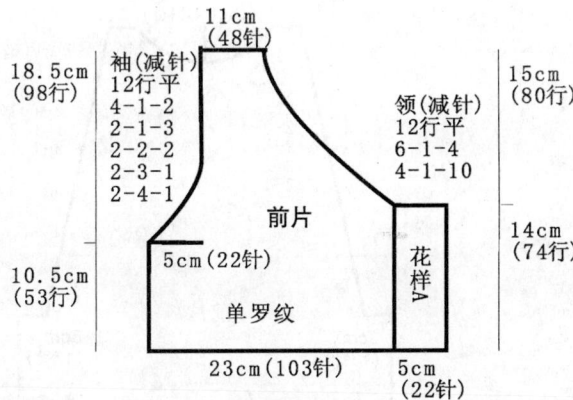

11cm（48针）

18.5cm（98行）

袖（减针）
12行平
4-1-2
2-1-3
2-2-2
2-3-1
2-4-1

前片

领（减针）
12行平
6-1-4
4-1-10

15cm（80行）

14cm（74行）

花样 A

10.5cm（53行）

5cm（22针）

单罗纹

23cm（103针）　5cm（22针）

花样A

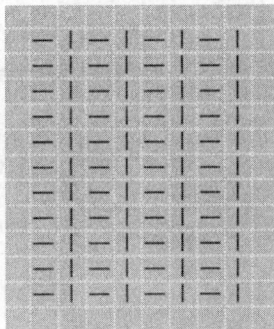

单罗纹

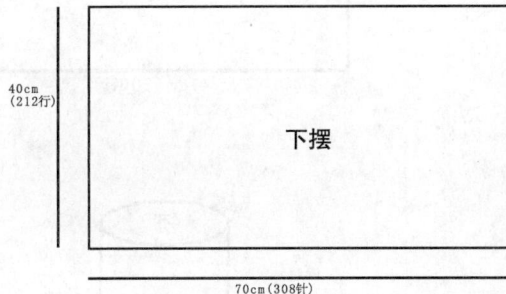

40cm（212行）

下摆

70cm（308针）

高领贵气装

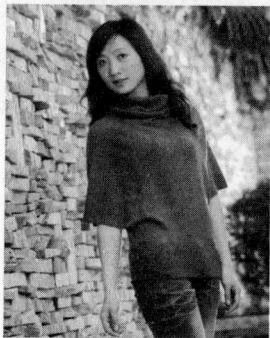

【成品规格】胸围 94cm 衣长 60cm 袖长 27cm

【工具】1.5mm 棒针 1.75mm 棒针 2mm 棒针

【材料】纯羊毛线

【密度】10cm²：44 针×53 行

【制作过程】本款为插肩高领毛衣，前后片、衣袖分片按图织好缝合，在领窝挑起 230 针，圈织 127 行收针。

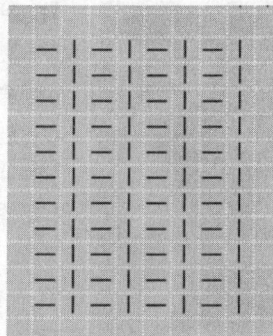

单罗纹

前片

10cm（44针） 3cm（13针） 15cm（65针） 3cm（13针） 10cm（44针）

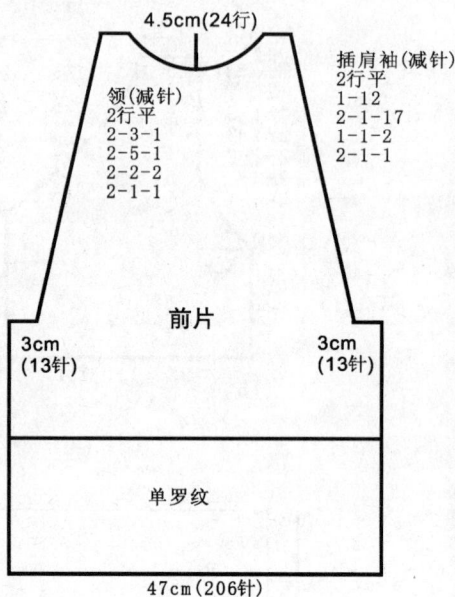

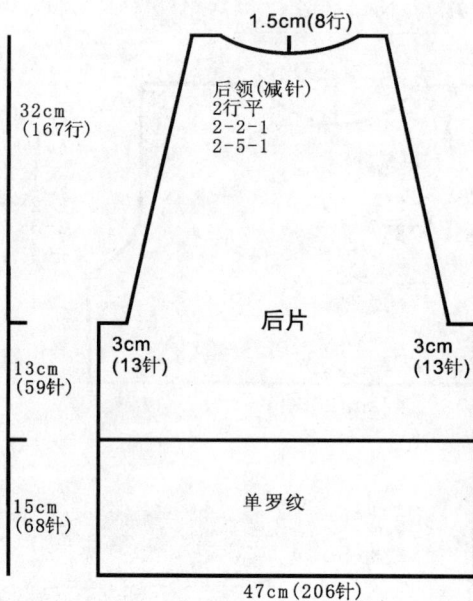

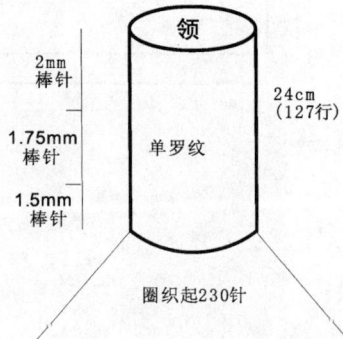

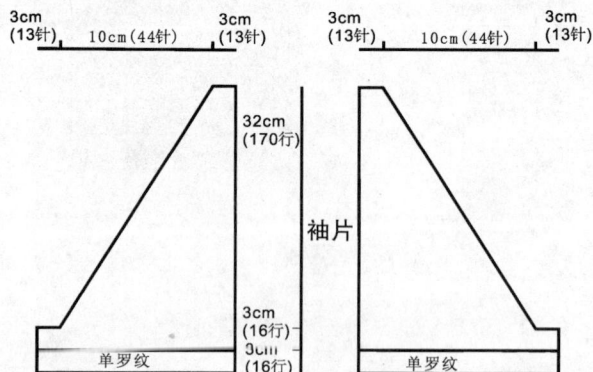

4.5cm(24行)

领（减针）
2行平
2-3-1
2-5-1
2-2-2
2-1-1

插肩袖（减针）
2行平
1-12
2-1-17
1-1-2
2-1-1

32cm（167行）

3cm（13针）   3cm（13针）

单罗纹

13cm（59针）

15cm（68针）

47cm（206针）

后片

10cm（44针） 3cm（13针） 15cm（65针） 3cm（13针） 10cm（44针）

1.5cm(8行)

后领（减针）
2行平
2-2-1
2-5-1

3cm（13针）   3cm（13针）

单罗纹

47cm（206针）

领

2mm棒针

1.75mm棒针

1.5mm棒针

单罗纹

24cm（127行）

圈织起230针

袖片

3cm（13针） 10cm（44针） 3cm（13针）

3cm（13针） 10cm（44针） 3cm（13针）

32cm（170行）

3cm（16行）
3cm（16行）

单罗纹

单罗纹

高领贵气装

【成品规格】胸围 94cm　衣长 64cm　袖长 26cm

【工具】1.5mm 棒针　1.75mm 棒针　2mm 棒针

【材料】纯羊毛线

【密度】10cm²：44 针×53 行

【制作过程】本款为横织蝙蝠袖高领毛衣，前后片按图编入花样 A，织好后与下摆缝合，在领窝挑起230 针圈织高领127 行收针。

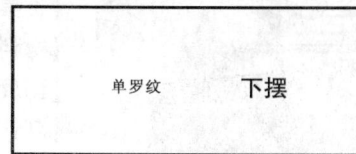

20cm
(106行)

单罗纹　　下摆

47cm(206针)

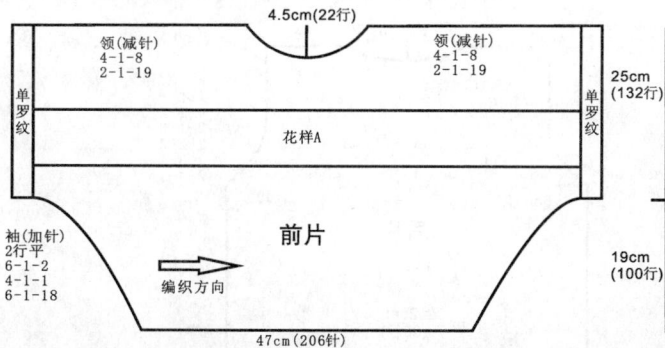

3cm
(13针)　　30cm(132针)　　17.5cm(77针)　　30cm(132针)　　3cm
(13针)

4.5cm(22行)

领(减针)
4-1-8
2-1-19

领(减针)
4-1-8
2-1-19

单罗纹

花样A

25cm
(132行)

单罗纹

前片

编织方向

袖(加针)
2行平
6-1-2
4-1-1
6-1-18

47cm(206针)

19cm
(100行)

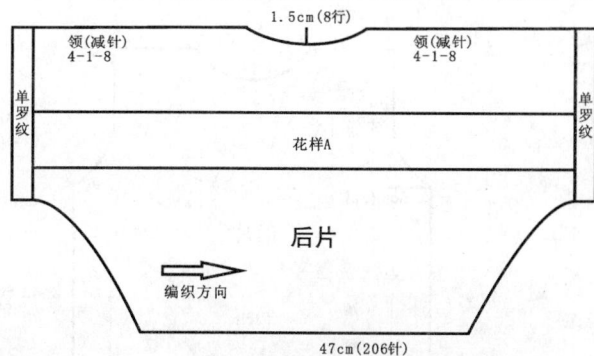

3cm
(13针)　　30cm(132针)　　17.5cm(77针)　　30cm(132针)　　3cm
(13针)

1.5cm(8行)

领(减针)
4-1-8

领(减针)
4-1-8

单罗纹

花样A

单罗纹

后片

编织方向

47cm(206针)

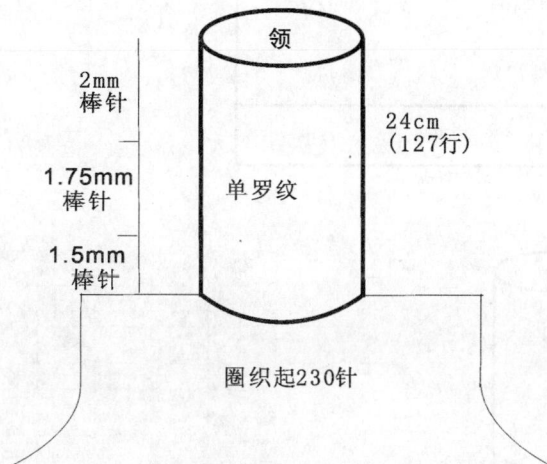

领

2mm
棒针

1.75mm
棒针

1.5mm
棒针

单罗纹

24cm
(127行)

圈织起230针

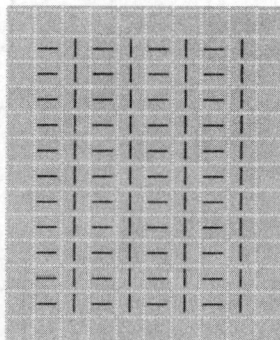

单罗纹

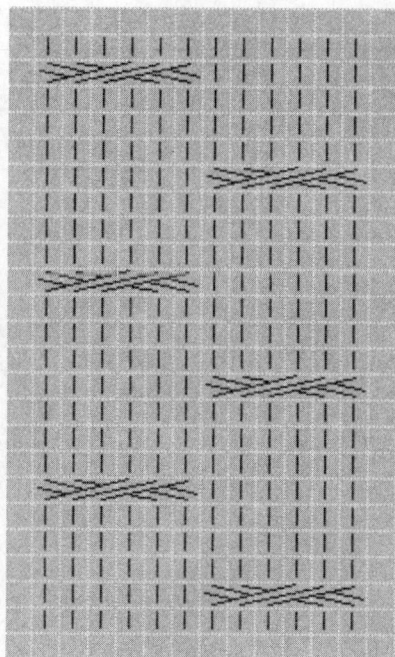

花样A

高领贵气装

新版棒针靓丽衫

100

【成品规格】胸围 94cm　衣长 69cm　袖长 54cm

【工具】1.5mm 棒针　1.75mm 棒针　2mm 棒针

【材料】纯羊毛线

【密度】10cm²：44 针×53 行

【制作过程】此款为高领长款毛衣，前后片和衣袖起单罗纹，织 42 行后改织平针，图中腰间处织单罗纹，织好后缝合衣片，袖子在领窝挑起 52 针，织高领 127 行收针。再织一条带子系于腰间。

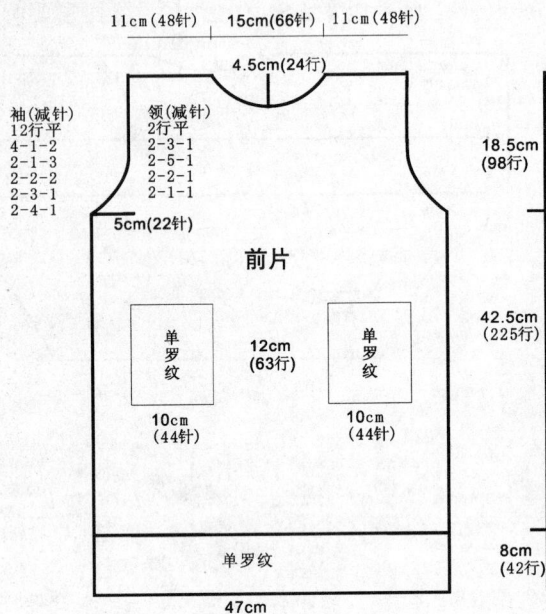

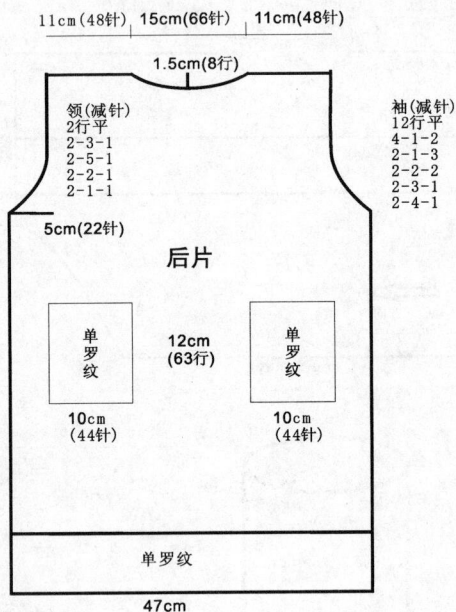

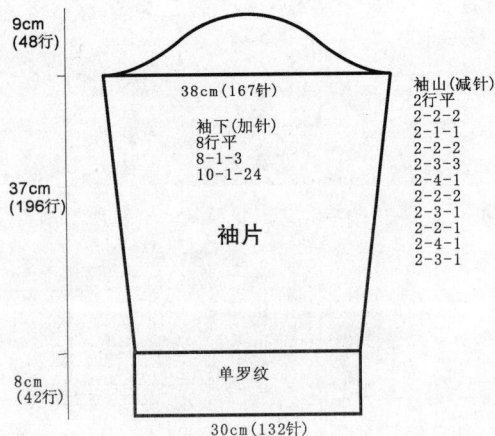

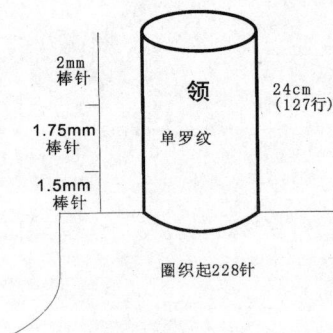

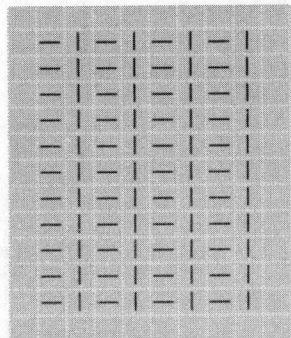

前片

11cm(48针)　15cm(66针)　11cm(48针)

4.5cm(24行)

袖(减针)
12行平
4-1-2
2-1-3
2-2-2
2-3-1
2-4-1

领(减针)
2行平
2-3-1
2-5-1
2-2-1
2-1-1

5cm(22针)

单罗纹　12cm(63行)　单罗纹

10cm(44针)　　10cm(44针)

18.5cm(98行)

42.5cm(225行)

8cm(42行)

单罗纹

47cm

后片

11cm(48针)　15cm(66针)　11cm(48针)

1.5cm(8行)

领(减针)
2行平
2-3-1
2-5-1
2-2-1
2-1-1

袖(减针)
12行平
4-1-2
2-1-3
2-2-2
2-3-1
2-4-1

5cm(22针)

单罗纹　12cm(63行)　单罗纹

10cm(44针)　　10cm(44针)

单罗纹

47cm

袖片

9cm(48行)

38cm(167针)

袖山(减针)
2行平
2-2-2
2-1-1
2-2-2
2-3-3
2-4-1
2-2-2
2-3-1
2-2-1
2-4-1
2-3-1

袖下(加针)
8行平
8-1-3
10-1-24

37cm(196行)

8cm(42行)

单罗纹

30cm(132针)

领

2mm 棒针

1.75mm 棒针

1.5mm 棒针

24cm(127针)

单罗纹

圈织起228针

单罗纹

低调黑色装

【成品规格】胸围 96cm　衣长 98cm　袖长 60cm

【工具】3.6mm 棒针

【材料】羊毛线

【密度】10cm²：25 针×34 行

【制作过程】起 120 针单罗纹，然后加连袖织至 45cm 开始减针形窝，后片以同样方法织，缝合后从肩部开始挑针织领口。

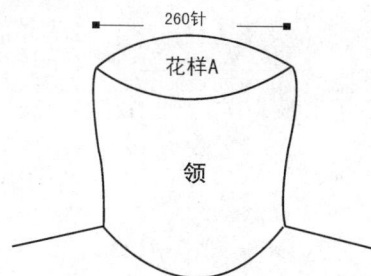

260针

花样A

领

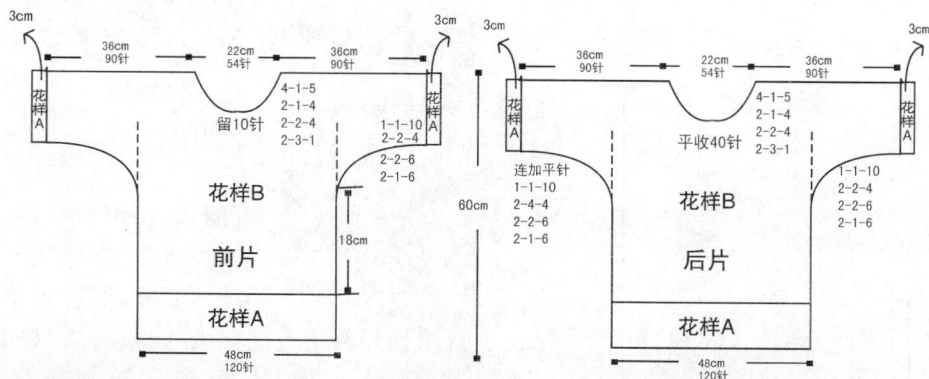

前片：
3cm

36cm 90针　22cm 54针　36cm 90针

3cm

花样A

留10针

4-1-5
2-1-4
2-2-4
2-3-1

1-1-10
2-2-4
2-2-6
2-1-6

花样B

前片

18cm

花样A

48cm 120针

后片：
3cm

36cm 90针　22cm 54针　36cm 90针

3cm

花样A

连加平针
1-1-10
2-4-4
2-2-6
2-1-6

平收40针

4-1-5
2-1-4
2-2-4
2-3-1

1-1-10
2-2-4
2-2-6
2-1-6

60cm

花样B

后片

花样A

48cm 120针

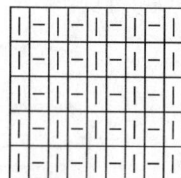

花样A

灰

黑

花样B

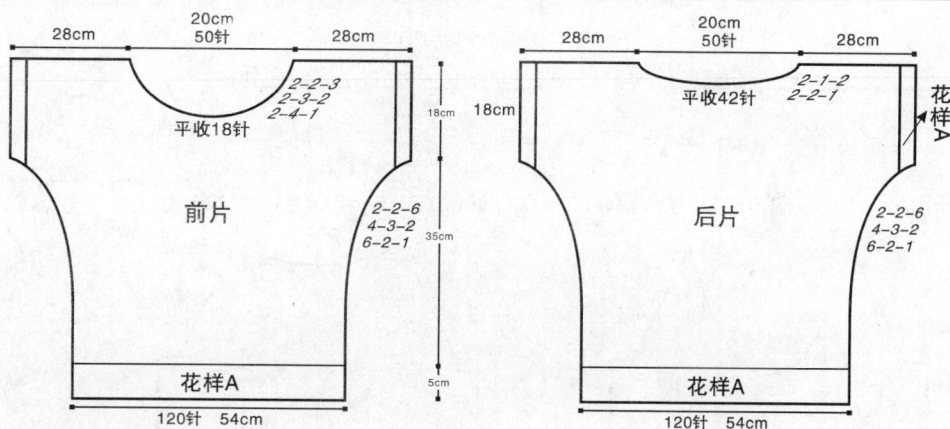

前片：
28cm　20cm 50针　28cm

平收18针

2-2-3
2-3-2
2-4-1

18cm

前片

2-2-6
4-3-2
6-2-1

35cm

花样A

120针　54cm

后片：
28cm　20cm 50针　28cm

18cm

平收42针

2-1-2
2-2-1

花样A

后片

2-2-6
4-3-2
6-2-1

5cm

花样A

120针　54cm

【成品规格】胸围 108cm　衣长 58cm　袖长 45cm

【工具】12 号棒针

【材料】黑色毛线

【密度】10cm：35 针×42 行

【制作过程】起头编织花样 A 为底边，编织至袖笼时加袖长，缝合肩部腋下，编织领片缝合，挑袖口编织。

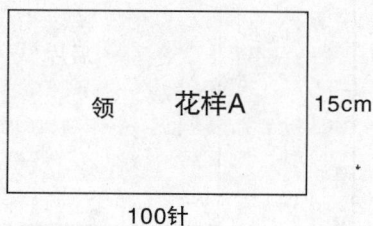

领　花样A

15cm

100针

花样A

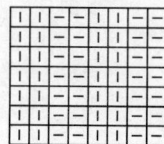

黄色镂空衫

【成品规格】胸围 94cm　衣长 70cm

【工具】2mm 棒针

【材料】真丝

【密度】10cm²：44 针×53 行

【制作过程】本款为圆领无袖直身裙，前后片按图起针数即编入花样 A，一直织到开领子，织好后衣身缝合，留 95 行作袖口，袖子不用减针。花样可按花样 A 自由设计。

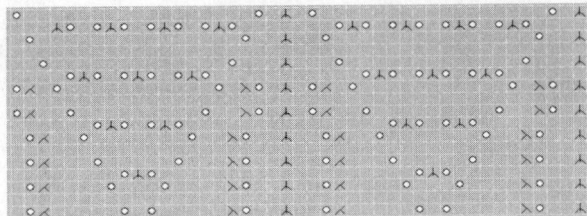

花样A

前片：
15cm(66针)　17cm(75针)　15cm(66针)
18cm(95行)
前领(减针)
12行平
6-1-4
4-1-10
前片
花样A
51.5cm(274行)
47cm(206针)

后片：
15cm(66针)　17cm(75针)　15cm(66针)
1.5cm(8行)
后领(减针)
12行平
6-1-4
4-1-10
18cm(95行)
后片
47cm(206针)

【成品规格】胸围 94cm 衣长 69cm　袖长 32cm

【工具】2mm 棒针

【材料】真丝

【密度】10cm：44 针×53 行

【制作过程】本款为插肩圆领毛衣，前后片按图起针数即编入花样 A，一直织到开领子，织好后衣身、袖子缝合。花样可按花样 A 自由设计。

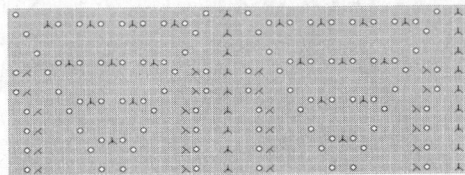

花样A

前片：
3cm(13针)　8.5cm(37针)　24cm(106针)　8.5cm(37针)　3cm(13针)
18cm(95行)
插肩袖(减针)
2行平
1-1-2
2-1-17
1-1-2
2-1-1
前领(减针)
12行平
6-1-4
4-1-10
前片
花样A
52cm(222行)
47cm(206针)

后片：
3cm(13针)　8.5cm(37针)　24cm(106针)　8.5cm(37针)　3cm(13针)
1.5cm(8行)
插肩袖(减针)
2行平
1-1-2
2-1-17
1-1-2
2-1-1
17cm(90行)
后领(减针)
2行平
2-3-1
2-5-1
后片
花样A
47cm(206针)

袖片：
3cm(13针)　10.5cm(46针)　11cm(48针)　10.5cm(46针)　3cm(13针)
17cm(90行)
插肩袖(减针)
2行平
1-1-2
2-1-17
1-1-2
2-1-1
15cm(80行)
袖片
花样A
38cm(107针)

束腰蝙蝠衫

【成品规格】胸围 94cm　衣长 64cm

【工具】2mm 棒针

【材料】纯羊毛

【密度】10cm²：44 针×53 行

【附件】纽扣 1 枚

【制作过程】本款为蝙蝠袖，前后片分别起 206 针，织下针，按图织好后再织下摆，下摆起 206 针织双罗纹，织好后与前后片缝合，领子另挑起 228 针，不用圈织，在右肩开纽扣。

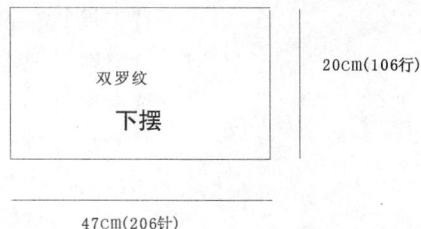

双罗纹
下摆

20cm(106行)

47cm(206针)

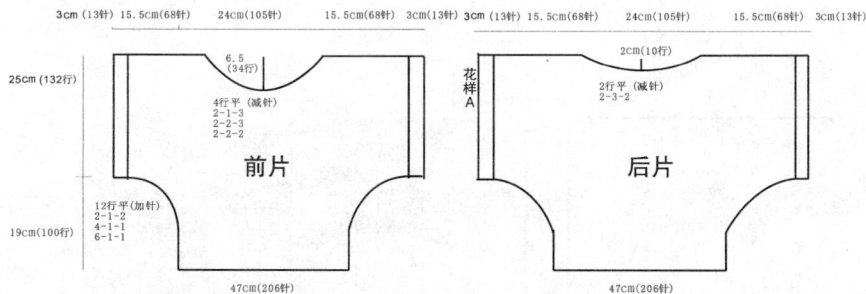

3cm(13针)　15.5cm(68针)　24cm(105针)　15.5cm(68针)　3cm(13针)　3cm(13针)　15.5cm(68针)　24cm(105针)　15.5cm(68针)　3cm(13针)

25cm(132行)

6.5(34行)

4行平(减针)
2-1-3
2-2-3
2-2-2

前片

2cm(10行)

2行平(减针)
2-3-2

花样A

后片

19cm(100行)

12行平(加针)
2-1-2
4-1-1
6-1-1

47cm(206针)　　47cm(206针)

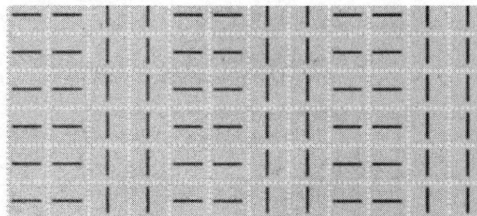

双罗纹

【成品规格】胸围 96cm　衣长 56cm　袖长 10cm

【工具】3.9mm 棒针

【材料】真丝

【密度】10cm²：24 针×28 行

【制作过程】起罗纹边织（花样 A），正身编织花样 B，前后片缝合后钩领边和袖边。领边、袖边：一圈短针；倒锁边一圈。

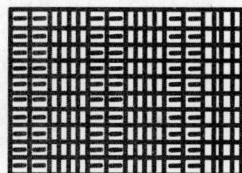

花样 A 双罗纹

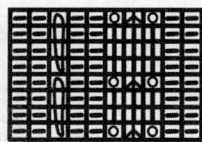

花样 B

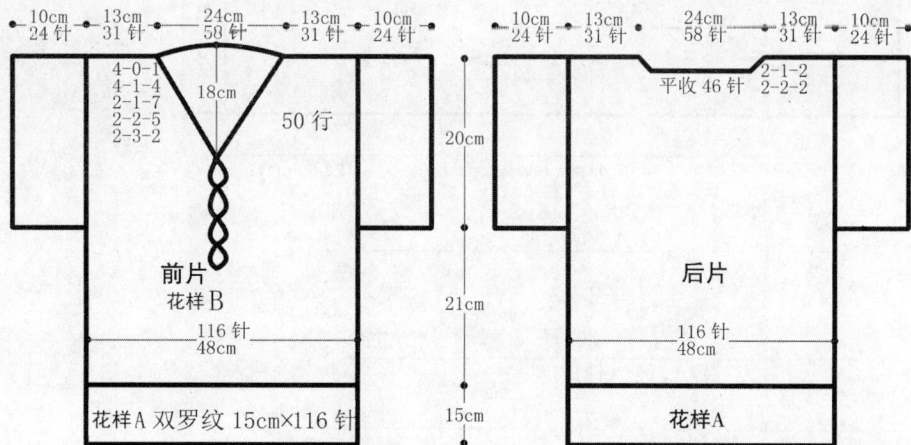

10cm 24针　13cm 31针　24cm 58针　13cm 31针　10cm 24针

4-0-1
4-1-4
2-1-7
2-2-5
2-3-2

18cm

50 行

前片
花样B

116 针
48cm

花样A 双罗纹 15cm×116 针

10cm 24针　13cm 31针　24cm 58针　13cm 31针　10cm 24针

平收 46 针

2-1-2
2-2-2

20cm

后片

21cm

116 针
48cm

15cm

花样A

束腰蝙蝠衫

【成品规格】衣长 40cm

【工具】2mm 棒针

【材料】纯羊毛线

【密度】10cm²：44 针×53 行

【制作过程】本款为横织镂空花样蝙蝠衫，前后片的左边按图起双罗纹 132 针，织 26 行起花样 A 到右边，再织双罗纹，与左边一样，另织下摆双罗纹，之后与前后片缝合。花样可按花样 A 自由设计。

5cm (26行)　32cm(170行)　18(95行)　32cm(170行)　5cm(26行)

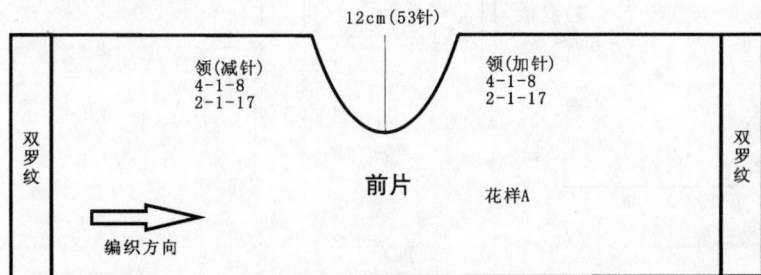

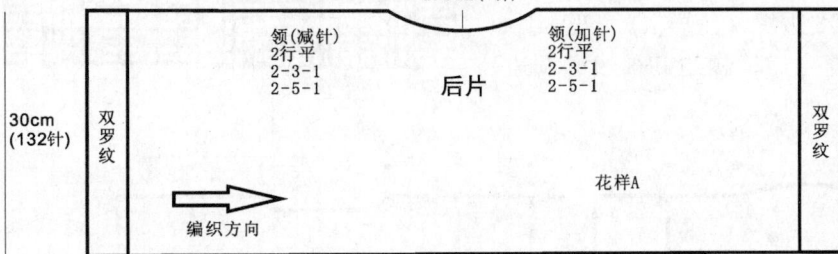

12cm(53针)

领(减针) 4-1-8 2-1-17　　领(加针) 4-1-8 2-1-17

双罗纹　　前片　花样A　　双罗纹

编织方向

22.5cm(119行)　47cm(249行)　22.5cm(119行)

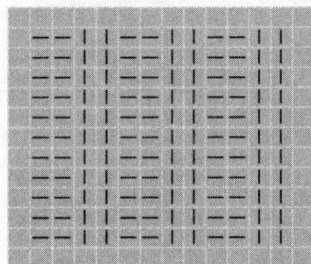

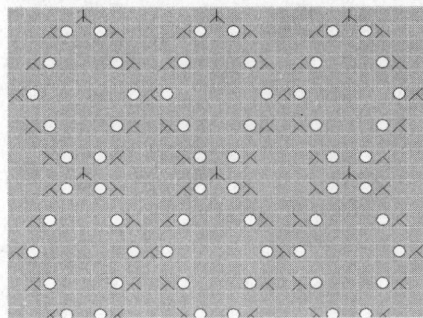

双罗纹

5cm (26行)　32cm(170行)　18(95行)　32cm(170行)　5cm(26行)

1.5cm(7针)

领(减针) 2行平 2-3-1 2-5-1　　领(加针) 2行平 2-3-1 2-5-1

30cm (132针)　双罗纹　后片　花样A　双罗纹

编织方向

22.5cm(119行)　47cm(249行)　22.5cm(119行)

花样A

10cm (53行)　下摆 双罗纹

47cm(206针)

巾帼本色装

【成品规格】胸围 96cm　衣长 70cm　袖长 50cm
【工具】1.7mm 棒针
【材料】细羊毛线
【密度】10cm²：44 针×53 行
【制作过程】分前后片横织起头平针织花样 A，
照图织完，前后片缝合，挑袖头，衣服底边织
下摆。

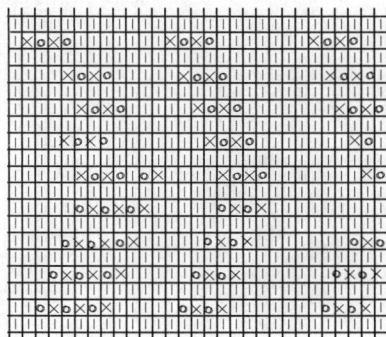

花样 A

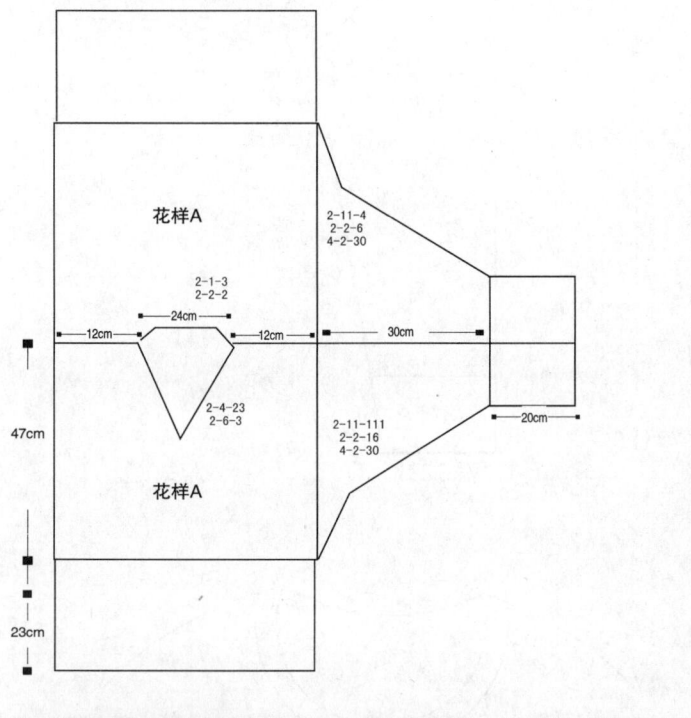

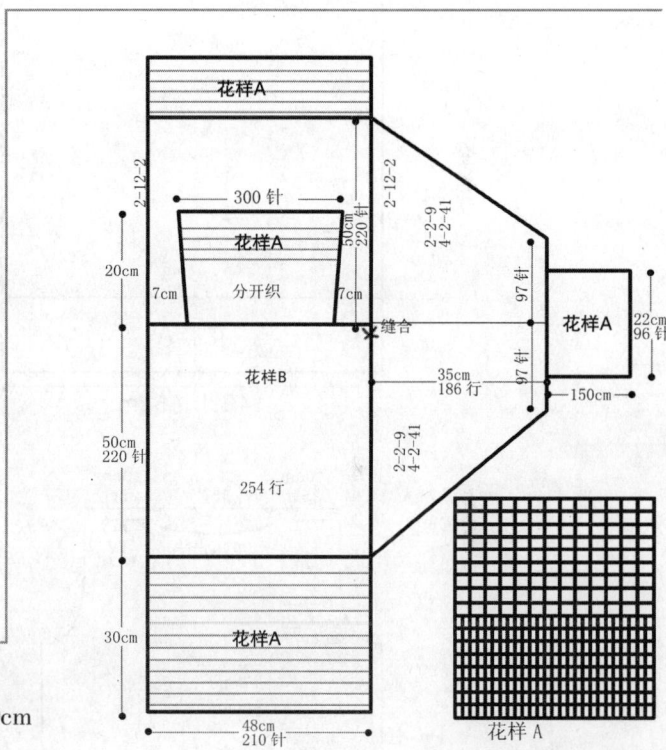

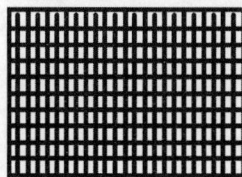

花样 A

花样 B 平针

【成品规格】胸围 96cm　衣长 80cm
袖长 50cm
【工具】1.7mm 棒针
【材料】细羊毛线
【密度】10cm：44 针×53 行
【制作过程】横织，起袖子平针 96 针，
按照衣样图织花样 B，完成前后身缝
合，另外挑衣服底边和袖口织花样 A。

气质白领装

【成品规格】胸围 90cm 衣长 60cm 袖长 60cm

【工具】14 号棒针

【材料】细毛线

【密度】10cm²：32 针×55 行

【制作过程】罗纹编织花样 A6cm，织平针，前后片、袖片编织好，缝合。挑领口编织。

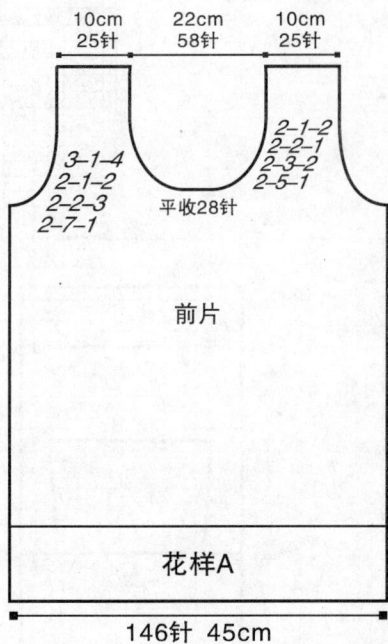

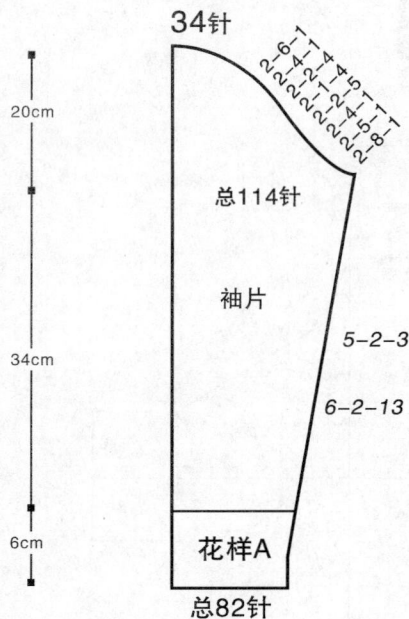

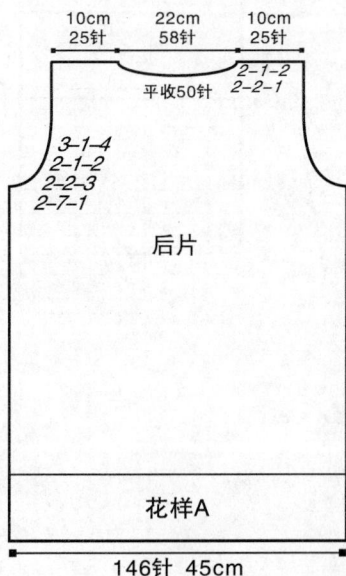

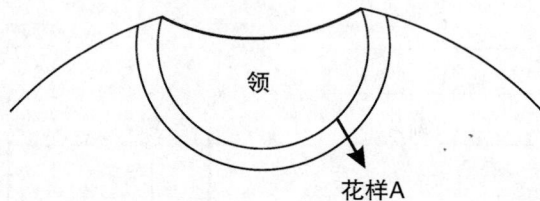

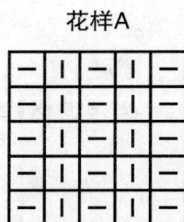

前片

| 10cm 25针 | 22cm 58针 | 10cm 25针 |

2-1-2
2-2-1
2-2-3
2-5-1

3-1-4
2-1-2
2-2-3
2-7-1

平收28针

前片

花样A

146针 45cm

20cm

34cm

6cm

34针

总114针

袖片

5-2-3

6-2-13

花样A

总82针

后片

| 10cm 25针 | 22cm 58针 | 10cm 25针 |

2-1-2
2-2-1

平收50针

3-1-4
2-1-2
2-2-3
2-7-1

后片

花样A

146针 45cm

领

花样A

花样A

气质白领装

【成品规格】胸围 98cm　衣长 60cm　袖长 65cm

【工具】12 号棒针

【材料】黑色绒线

【密度】10cm²：24 针×50 行

【制作过程】平针编织下摆，编织到腰部时改织花样 A15cm 再编平针，缝合前后片，挑领口编织花样 A，袖片完成与正身缝合。

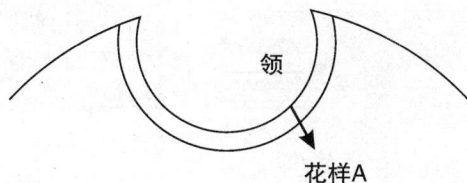

领

花样A

花样A

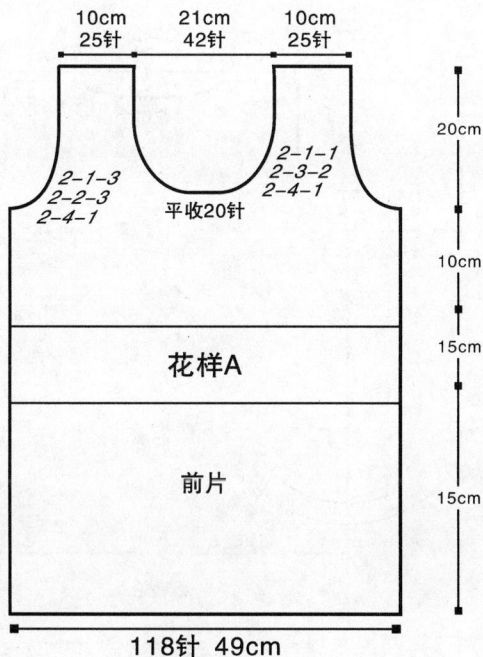

10cm 25针　21cm 42针　10cm 25针

20cm

10cm

15cm

15cm

2-1-1
2-3-2
2-4-1

2-1-3
2-2-3
2-4-1

平收20针

花样A

前片

118针 49cm

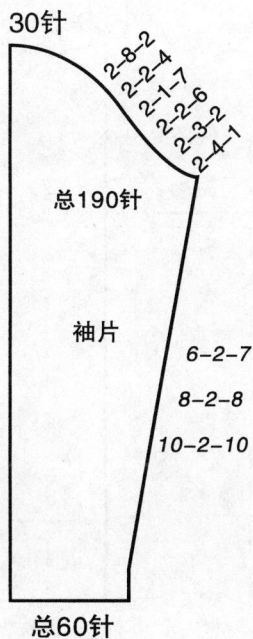

30针

2-8-2
2-2-4
2-1-7
2-2-6
2-2-3
2-4-1

总190针

袖片

6-2-7

8-2-8

10-2-10

总60针

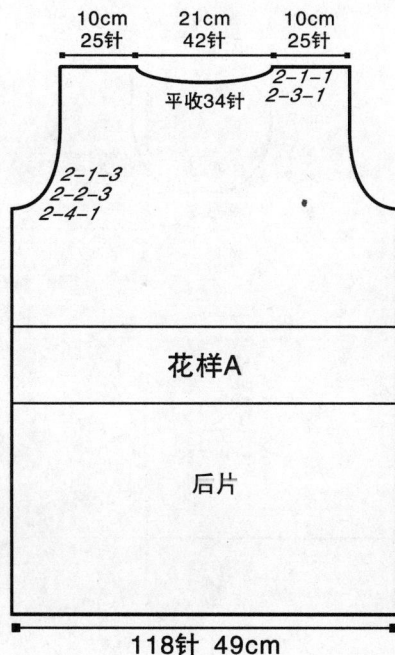

10cm 25针　21cm 42针　10cm 25针

平收34针

2-1-1
2-3-1

2-1-3
2-2-3
2-4-1

花样A

后片

118针 49cm

气质白领装

【成品规格】胸围 90cm　衣长 57cm　袖长 60cm
【工具】14 号棒针
【材料】羊毛细绒线
【密度】10cm²：40 针×55 行
【制作过程】起罗纹编织花样 A 为底边，织物完
成缝合前后片，挑领口编织 3cm，袖片与正身
钩合。

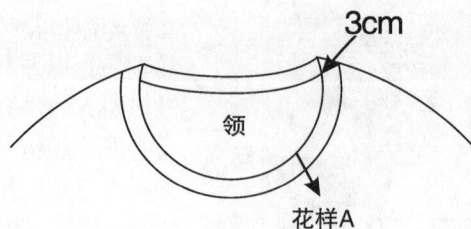

花样A

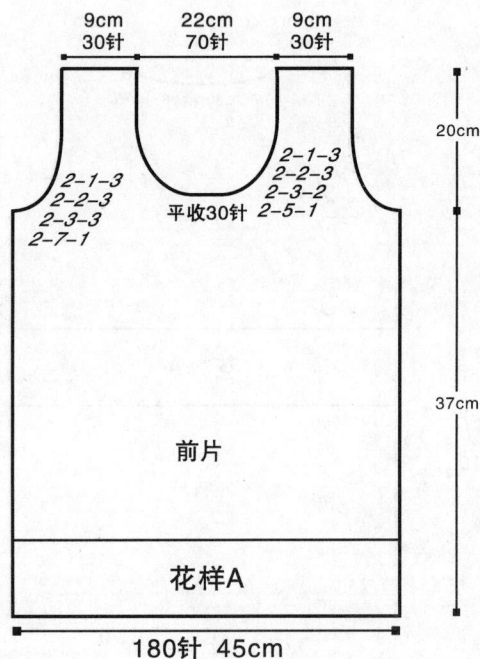

前片

9cm 30针　22cm 70针　9cm 30针

2-1-3
2-2-3
2-3-3
2-7-1

2-1-3
2-2-3
2-3-2
2-5-1

平收30针

20cm

37cm

花样A

180针　45cm

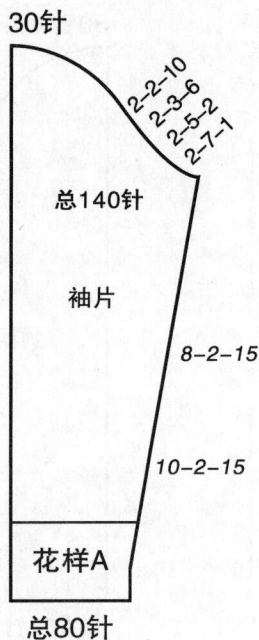

30针

2-2-10
2-3-6
2-5-2
2-7-1

总140针

袖片

8-2-15

10-2-15

花样A

总80针

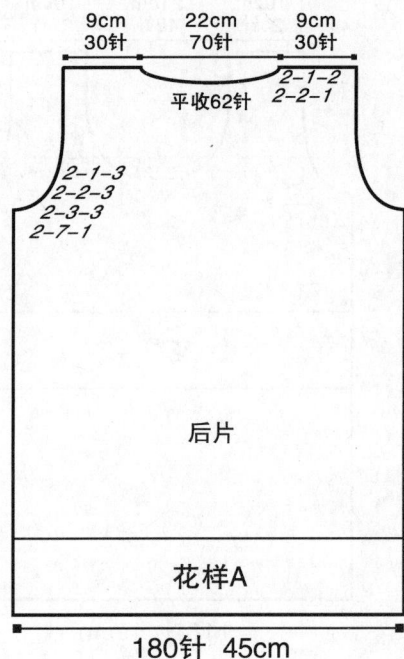

后片

9cm 30针　22cm 70针　9cm 30针

平收62针

2-1-2
2-2-1

2-1-3
2-2-3
2-3-3
2-7-1

花样A

180针　45cm

红色交叉短装

【成品规格】胸围90cm　衣长155cm　袖长60cm

【工具】14号棒针

【材料】羊毛绒线

【密度】10cm²：47针×55行

【制作过程】起双罗纹编织花样A，前片按样衣织至腰部时分开左右编织，缝合肩部、腋下，编织腰带缝在前片腰部，袖片与正身缝合。

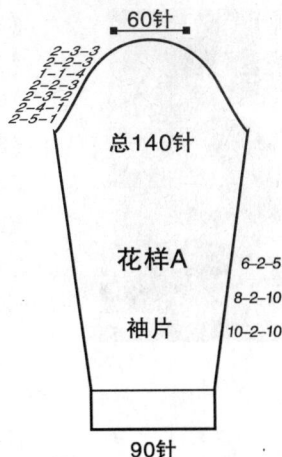

60针

2-3-3
2-2-3
1-1-4
2-3-2
2-3-2
2-3-2
2-4-1
2-5-1

总140针

花样A

6-2-5

袖片

8-2-10

10-2-10

90针

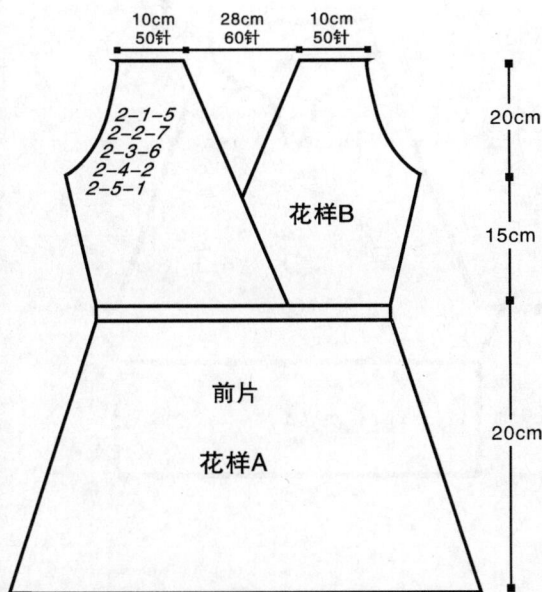

10cm
50针　28cm
60针　10cm
50针

2-1-5
2-2-7
2-3-6
2-4-2
2-5-1

花样B

前片

花样A

20cm

15cm

20cm

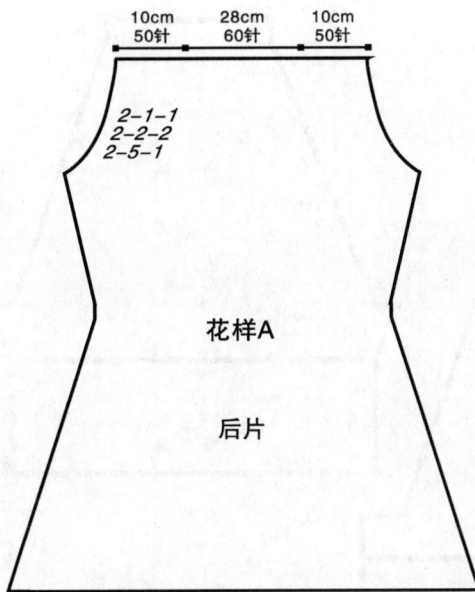

10cm
50针　28cm
60针　10cm
50针

2-1-1
2-2-2
2-5-1

花样A

后片

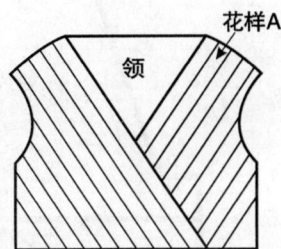

花样A

领

7cm

5cm

平针　腰带　5cm

38cm

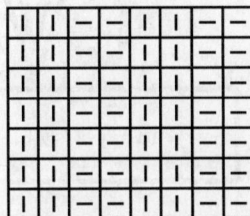

花样A

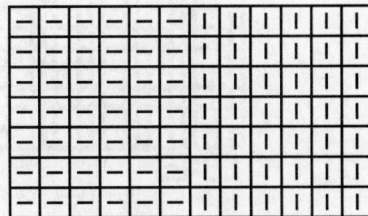

花样B

优雅立领蝙蝠衫

【成品规格】胸围 96cm　衣长 53cm　袖长 35cm

【工具】1.7mm 棒针

【材料】细羊毛线

【密度】10cm²：44 针×53 行

【制作过程】起罗纹边织 A 花样，依图织平针，
缝合后挑织领：边 2cm（B 花），领 7cm。

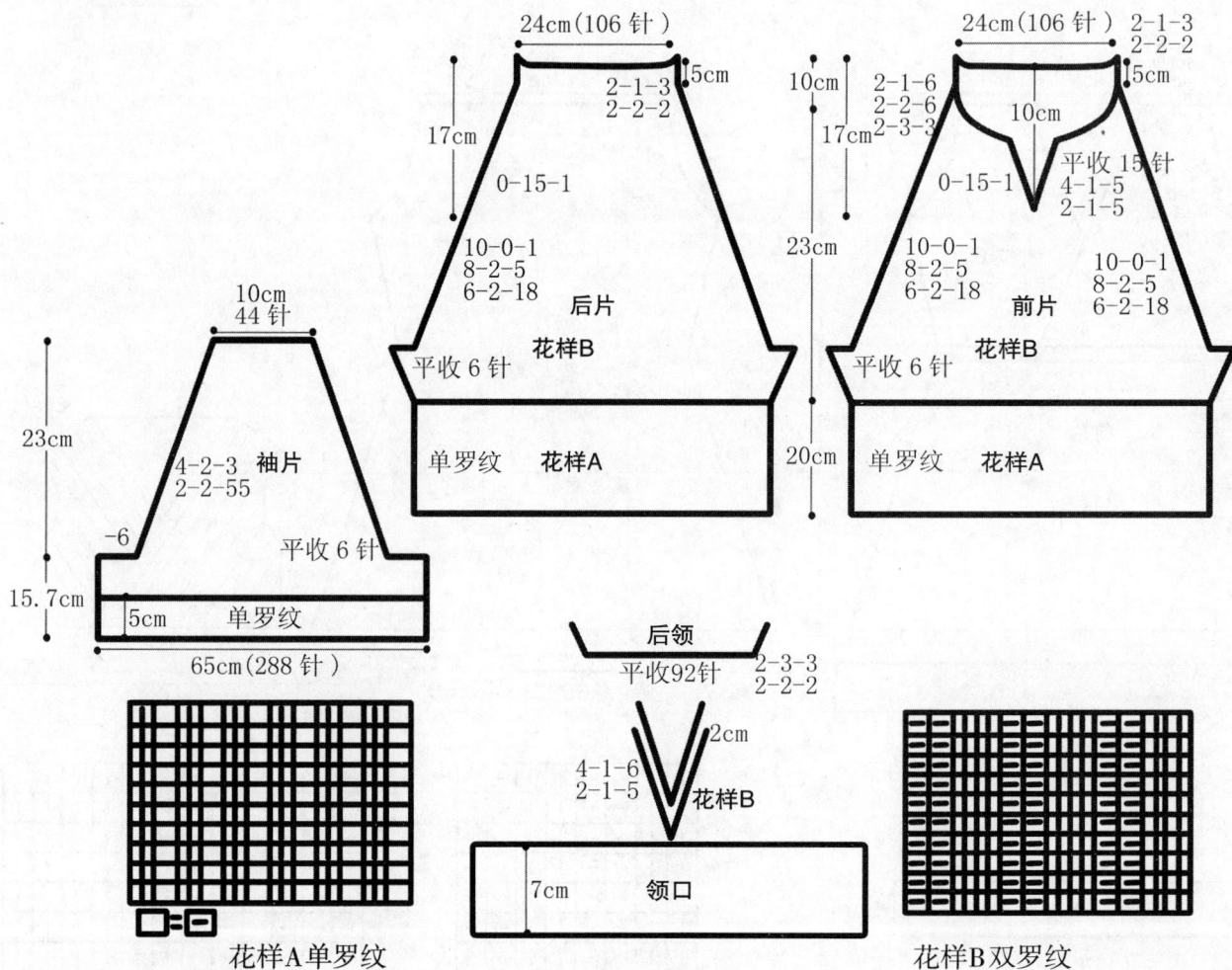

24cm(106 针)

2-1-3
2-2-2

5cm

17cm

0-15-1

10-0-1
8-2-5
6-2-18

平收 6 针

后片

花样B

单罗纹　花样A

24cm(106 针)

2-1-3
2-2-2

5cm

10cm

2-1-6
2-2-6
2-3-3

17cm

0-15-1

10cm

平收 15 针
4-1-5
2-1-5

23cm

10-0-1
8-2-5
6-2-18

10-0-1
8-2-5
6-2-18

平收 6 针

前片

花样B

20cm

单罗纹　花样A

10cm
44 针

23cm

4-2-3　袖片
2-2-55

-6

平收 6 针

15.7cm

5cm　单罗纹

65cm(288 针)

后领

平收92针

2-3-3
2-2-2

2cm

4-1-6
2-1-5

花样B

7cm　领口

花样A单罗纹

花样B双罗纹

时尚休闲针织衫

【成品规格】胸围 88cm　衣长 55cm　袖长 60cm

【工具】13 号棒针

【材料】黑白绒线

【密度】10cm²：30 针×50 行

【制作过程】后片、袖片用黑绒线编织平针，前片分左右按照样衣配色编织，缝合身片，门襟编织一 3cm 宽的双面平针缝合，袖片与正身钩合。

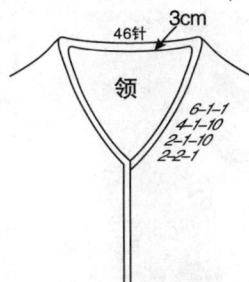

46针　　3cm
领

6-1-1
4-1-10
2-1-10
2-2-1

前片花样

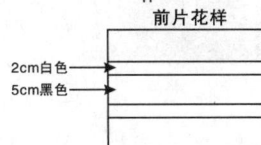

2cm白色
5cm黑色

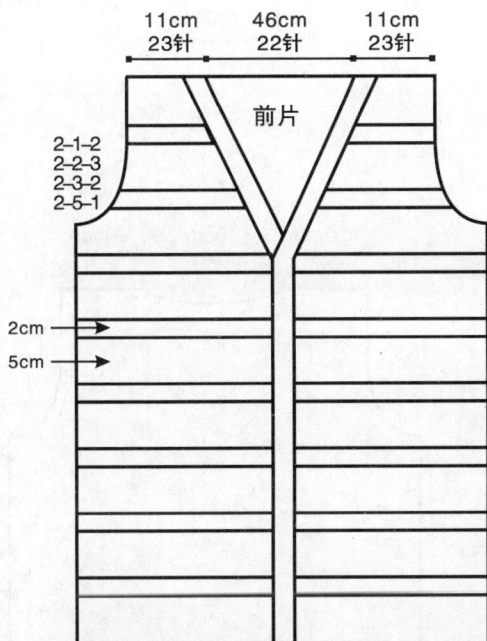

11cm　46cm　11cm
23针　22针　23针

前片

2-1-2
2-2-3
2-3-2
2-5-1

2cm
5cm

22cm

35cm

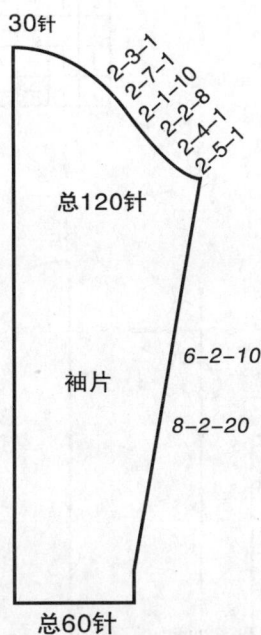

30针

2-3-1
2-7-1
2-1-10
2-2-8
2-4-1
2-5-1

总120针

袖片

6-2-10

8-2-20

总60针

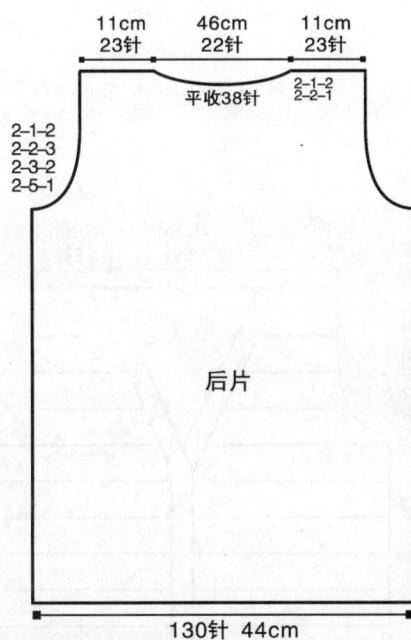

11cm　46cm　11cm
23针　22针　23针

平收38针

2-1-2
2-2-1

2-1-2
2-2-3
2-3-2
2-5-1

后片

130针　44cm

时尚休闲针织衫

【成品规格】 胸围 94cm　衣长 60cm　袖长 65cm

【工具】 12 号棒针

【材料】 黑白混纺线

【密度】 10cm²：24 针×45 行

【制作过程】 黑色以罗纹起编织花样 A，依照样衣编织配色，缝合肩部、腋下，编织双层领片缝合，袖片与正身钩合。

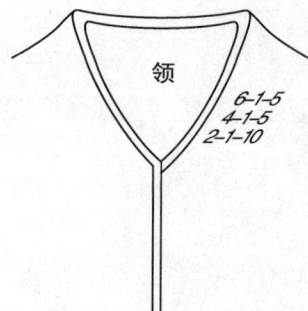

领

6-1-5
4-1-5
2-1-10

花样A

前片配色

4cm白色
4cm黑色
4cm白色

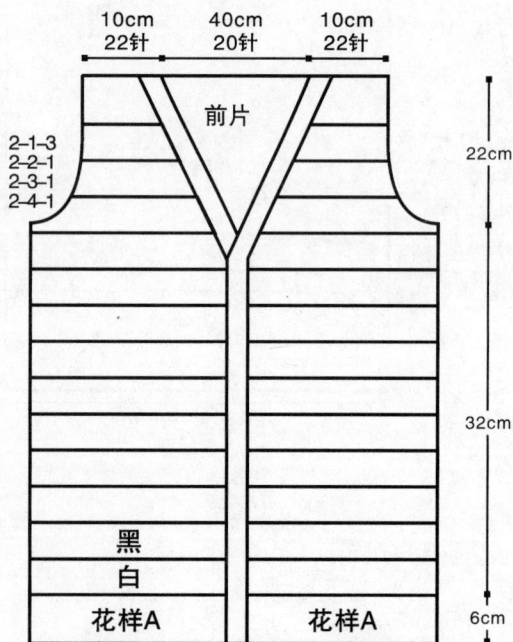

10cm 22针　40cm 20针　10cm 22针

前片

22cm

2-1-3
2-2-1
2-3-1
2-4-1

32cm

黑
白

花样A　花样A

6cm

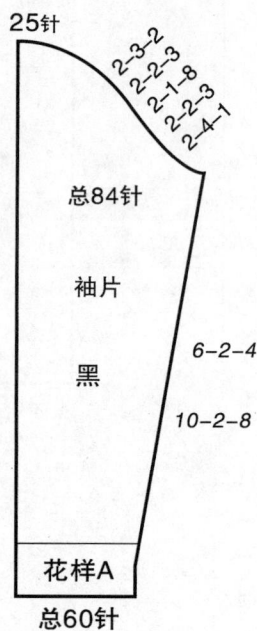

25针

2-3-2
2-2-3
2-1-8
2-2-3
2-4-1

总84针

袖片

黑

6-2-4

10-2-8

花样A

总60针

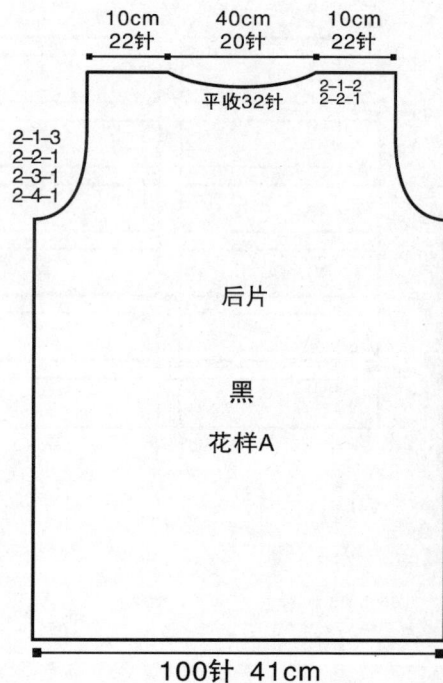

10cm 22针　40cm 20针　10cm 22针

平收32针　2-1-2
2-2-1

2-1-3
2-2-1
2-3-1
2-4-1

后片

黑

花样A

100针 41cm

鲜红靓丽衫

【成品规格】胸围 90cm　衣长 65cm　袖长 65cm
【工具】13 号棒针
【材料】红色毛线
【密度】10cm²：40 针×50 行

【制作过程】起罗纹边编织花样 A，照样衣完成领口处编织花样 B，前后片缝合挑领口编织花样 A，两袖片与正身缝合。

领的编织图　花样B

前片

9cm 36针　20cm 80针　9cm 36针

4-2-4
2-6-1

4-2-20

22cm

29cm

7cm

花样A

180针 45cm

袖片

44针

8cm

总140针

4-2-21
2-6-1

38cm

6-2-10

8-2-10

10-2-10

7cm

后片

9cm 36针　152针　9cm 36针

平收76针

4-2-4
2-6-1

花样A

180针 45cm

领

每4行收2针，收20次

花样A

落落大方款

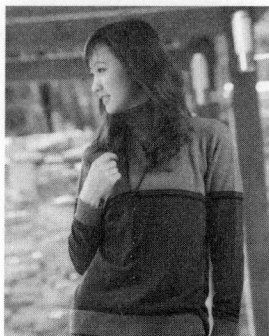

【成品规格】 胸围 94cm　衣长 60cm　袖长 54cm

【工具】 1.5mm 棒针　1.75mm 棒针　2mm 棒针

【材料】 纯羊毛线

【密度】 10cm²：44 针×53 行

【制作过程】 本款为高领长袖毛衣，前后片和衣袖起单罗纹，织 42 行用其他颜色织毛衣片，上部改用原色，织好后缝合衣片、袖子，在领窝挑起 228 针，织高领，织 127 行收针。

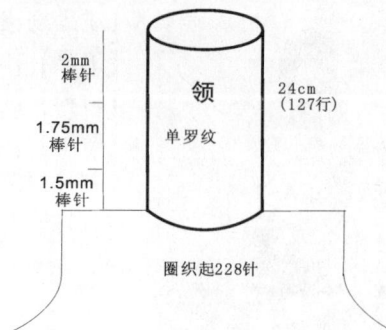

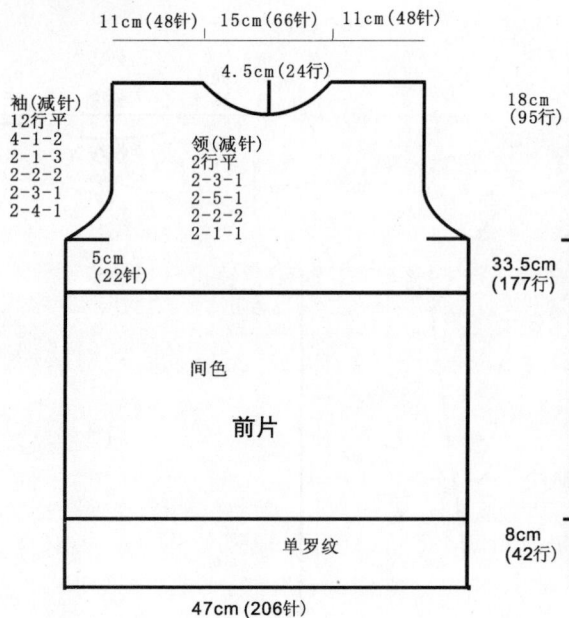

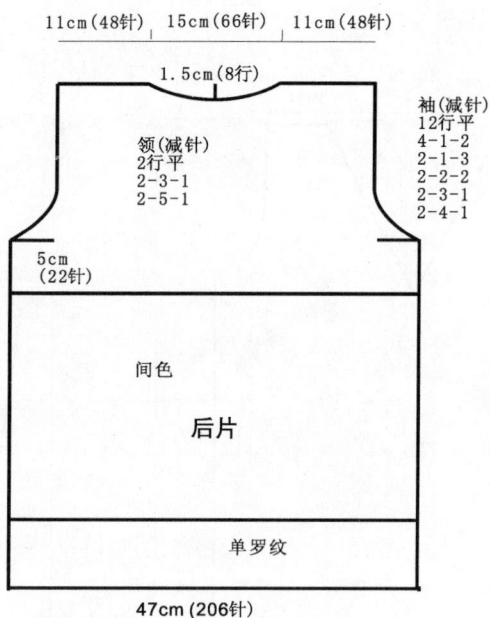

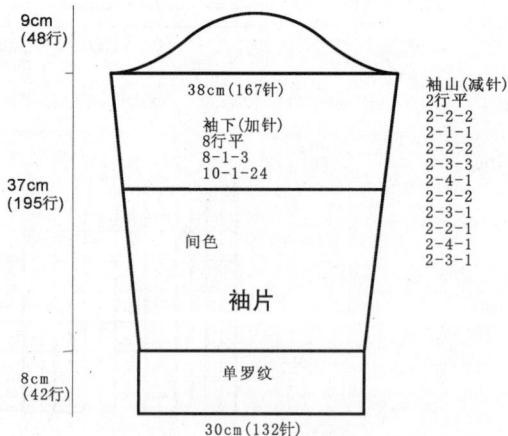

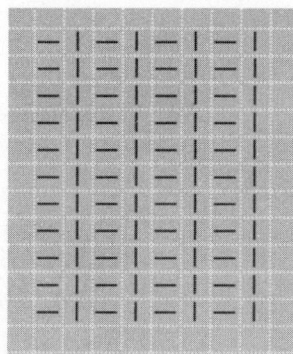

2mm 棒针
领
单罗纹
24cm
(127行)
1.75mm 棒针
1.5mm 棒针
圈织起228针

11cm(48针)　15cm(66针)　11cm(48针)

4.5cm(24行)

18cm(95行)

袖(减针)
12行平
4-1-2
2-1-3
2-2-2
2-3-1
2-4-1

领(减针)
2行平
2-3-1
2-5-1
2-2-2
2-1-1

5cm(22针)

33.5cm(177行)

间色

前片

8cm(42行)

单罗纹

47cm(206针)

11cm(48针)　15cm(66针)　11cm(48针)

1.5cm(8行)

领(减针)
2行平
2-3-1
2-5-1

袖(减针)
12行平
4-1-2
2-1-3
2-2-2
2-3-1
2-4-1

5cm(22针)

间色

后片

单罗纹

47cm(206针)

9cm(48行)

38cm(167针)

袖山(减针)
2行平
2-2-2
2-1-1
2-2-2
2-3-3
2-4-1
2-2-2
2-3-1
2-2-1
2-4-1
2-3-1

袖下(加针)
8行平
8-1-3
10-1-24

37cm(195行)

间色

袖片

8cm(42行)

单罗纹

30cm(132针)

单罗纹

美丽小巧装

【成品规格】胸围88cm　衣长58cm　袖长35cm

【工具】10号棒针

【材料】四股粗棉线

【密度】10cm²：18针×25行

【制作过程】起头织平针至27cm时改织花样A，袖片织花样A由上往下织，前后片手袖缝合后，织衣领、袖口。

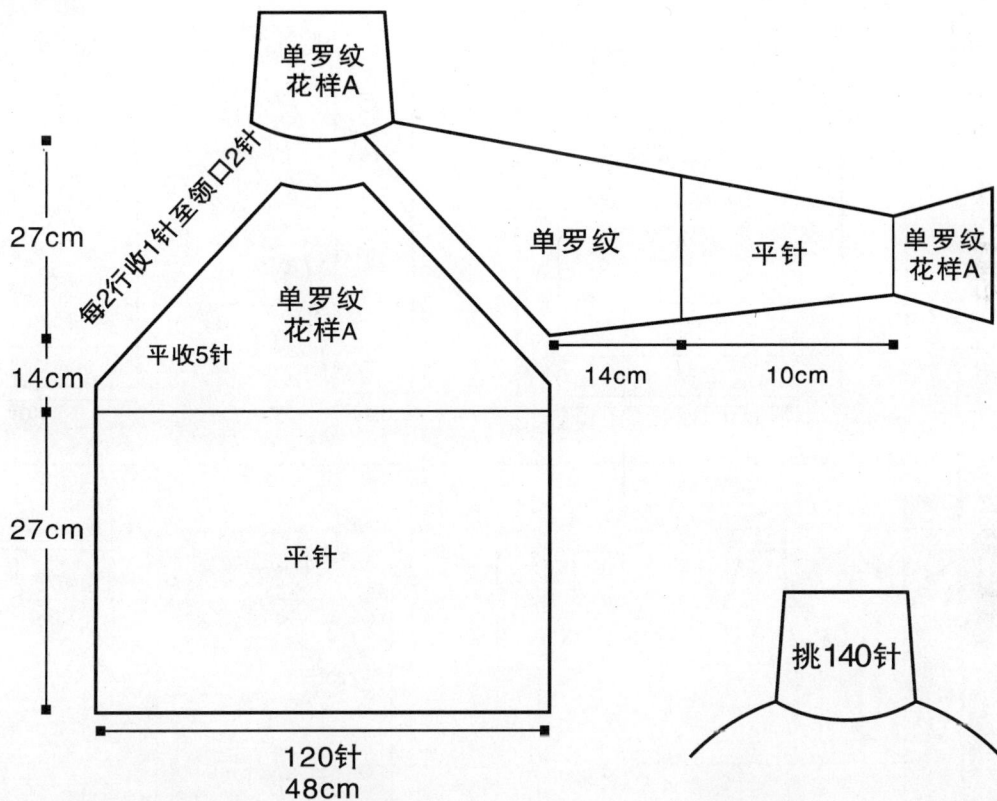

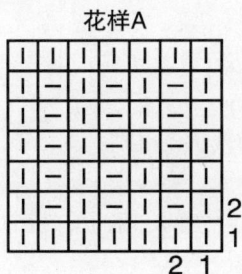

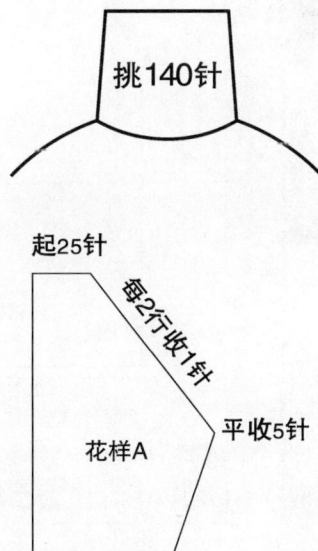

单罗纹
花样A

每2行收1针至领口2针

27cm

单罗纹
花样A

单罗纹

平针

单罗纹
花样A

平收5针

14cm

14cm

10cm

27cm

平针

挑140针

120针
48cm

起25针

每2行收1针

平收5针

花样A

花样A

2
1

2 1

长袖毛衣衬衫

【成品规格】胸围 85cm　衣长 58cm　袖长 60cm

【工具】12 号棒针

【材料】四股羊绒线

【密度】10cm²：28 针×34 行

【制作过程】起罗纹边编织花样 A，按照样衣编织，缝合前后片后，挑针织领口，袖片编织好后缝合正身。

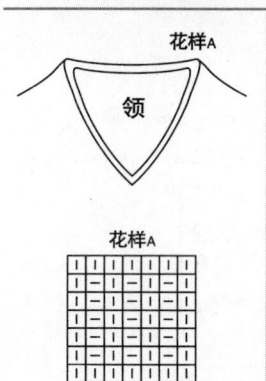

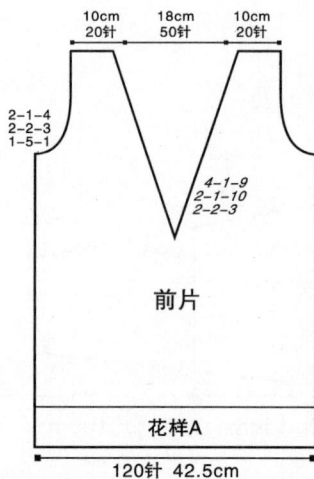

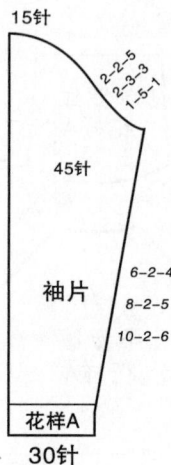

花样A

领

花样A

前片
10cm 20针　18cm 50针　10cm 20针

2-1-4
2-2-3
1-5-1

22cm

4-1-9
2-1-10
2-2-3

29cm

花样A

7cm

120针 42.5cm

袖片
15针

2-2-5
2-3-3
1-5-1

45针

6-2-4
8-2-5
10-2-6

花样A

30针

后片
38cm 90针

2-1-4
2-2-3
1-5-1

花样A

120针 42.5cm

【成品规格】胸围 90cm　衣长 55cm　袖长 60cm

【工具】12 号棒针

【材料】三股混纺线

【密度】10cm²：27 针×30 行

【制作过程】单罗纹起边编织 18cm，改织平针，织至 10cm 开衣领，缝合肩部、腋下，挑领编织，把织好的袖片与正身缝合。

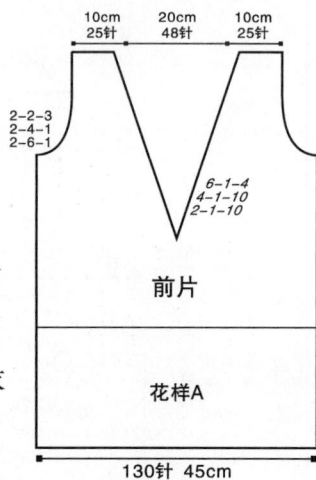

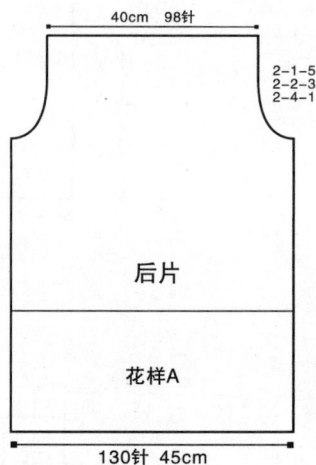

前片
10cm 25针　20cm 48针　10cm 25针

2-2-3
2-4-1
2-6-1

22cm

6-1-4
4-1-10
2-1-10

15cm

花样A

18cm

130针 45cm

袖片
18针

73针

5-2-7
6-2-6
8-2-6

花样A

35针

后片
40cm 98针

2-1-5
2-2-3
2-4-1

花样A

130针 45cm

温馨橙色短袖长衫

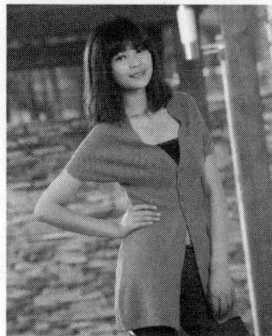

【成品规格】胸围 94cm　衣长 62cm

【工具】1.5mm 棒针

【材料】纯羊毛线

【密度】10cm²：44 针×53 行

【附件】纽扣 4 枚

【制作过程】本款是前后片一幅织出，先起 202 针，织双罗纹织到 148 行开领，不用加减针，再织 148 行收针，然后使 AC 与 BD 对折，与下摆前后片缝合，另织单罗纹门襟，起 22 针，织 540 行与衣片缝合。

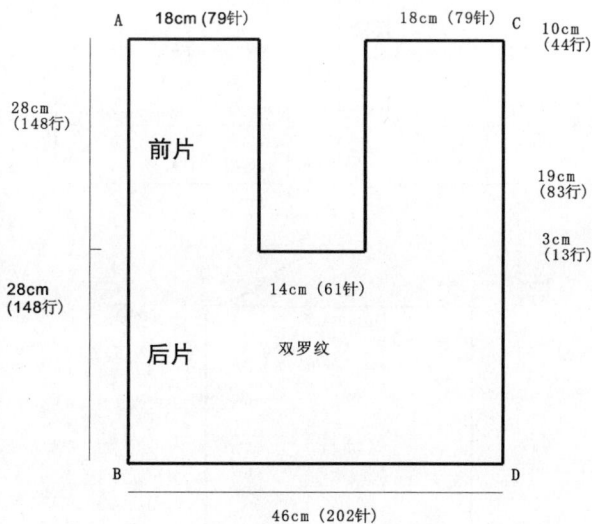

A　18cm（79针）　18cm（79针）　C　10cm（44行）

28cm（148行）

前片

14cm（61针）

28cm（148行）

后片　双罗纹

19cm（83行）

3cm（13行）

B　D

46cm（202针）

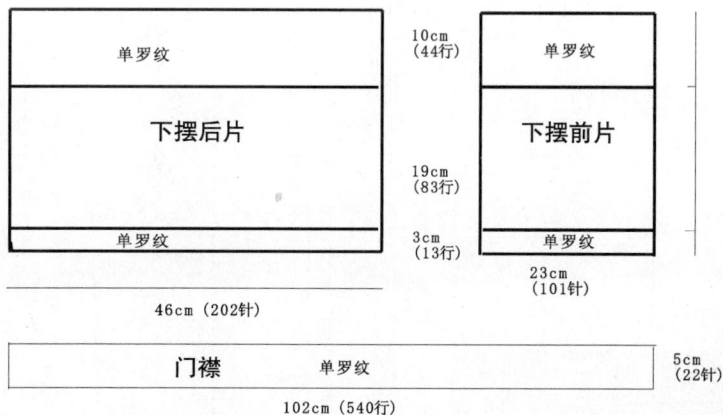

10cm（44行）　单罗纹

下摆后片

单罗纹

19cm（83行）

3cm（13行）

46cm（202针）

10cm（44行）　单罗纹

下摆前片

单罗纹

19cm（83行）

3cm（13行）

23cm（101针）

门襟　单罗纹

5cm（22针）

102cm（540行）

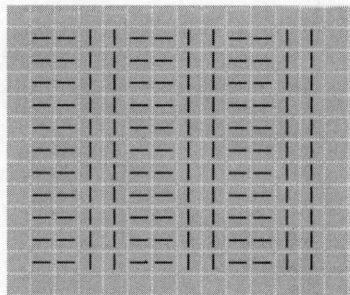

双罗纹

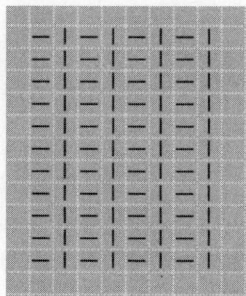

单罗纹

气质名媛装

【成品规格】 胸围 96cm　衣长 80cm　袖长 60cm

【工具】 14 号棒针

【材料】 红色、黑色细羊毛线

【密度】 10cm²：41 针×55 行

【制作过程】 黑色起头编织 43cm 时改用红色编织上身，前后身织后缝合挑领织，袖山头织好后不减针至袖长。

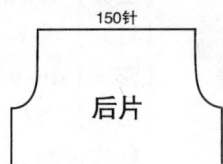

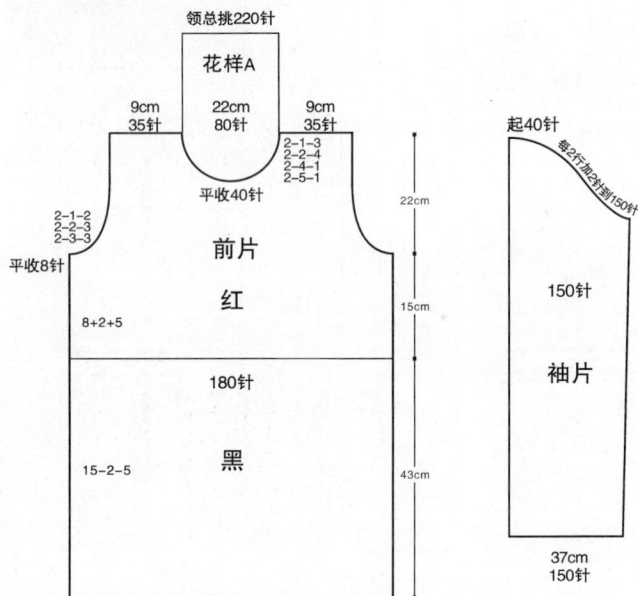

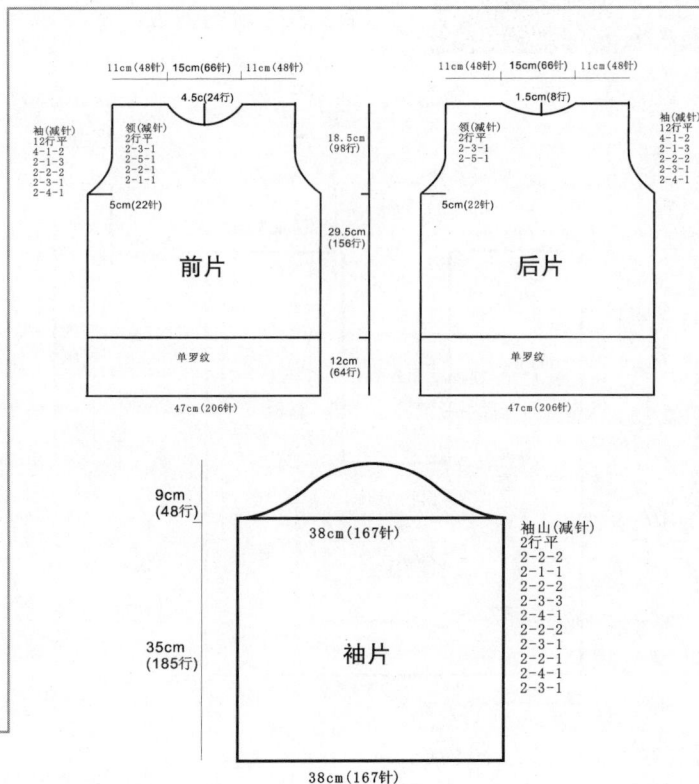

150针

后片

花样A

领总挑220针

花样A

9cm 35针　22cm 80针　9cm 35针

2-1-3
2-2-4
2-4-1
2-5-1

平收40针

2-1-2
2-2-3
2-3-1

前片
红

平收8针

22cm

8+2+5

15cm

180针

黑

15-2-5

43cm

起40针

每2行加3针到150针

150针
袖片

37cm
150针

11cm(48针) 15cm(66针) 11cm(48针)

4.5c(24行)

18.5cm(98行)

袖(减针)
12行平
4-1-2
2-1-3
2-2-2
2-3-1
2-4-1

领(减针)
2行平
2-3-1
2-2-1
2-2-1

5cm(22针)

前片

29.5cm(156行)

单罗纹

12cm(64行)

47cm(206针)

11cm(48针) 15cm(66针) 11cm(48针)

1.5cm(8行)

袖(减针)
12行平
4-1-2
2-1-3
2-2-2
2-3-1
2-4-1

领(减针)
2行平
2-5-1

5cm(22针)

后片

单罗纹

47cm(206针)

9cm(48行)

38cm(167针)

35cm(185行)

袖片

袖山(减针)
2行平
2-2-2
2-1-1
2-2-2
2-3-3
2-4-1
2-2-2
2-3-1
2-2-1
2-4-1
2-3-1

38cm(167针)

【成品规格】 胸围 94cm　衣长 60cm　袖长 54cm

【工具】 1.5mm 棒针　1.75mm 棒针　2mm 棒针

【材料】 纯羊毛线

【密度】 10cm²：44 针×53 行

【制作过程】 本款为高领长袖毛衣，前后片和衣袖起单罗纹，织 64 行，再织下针，衣袖和袖口另织，衣袖打褶皱与袖口缝合，再与衣片缝合，在领窝挑起 228 针，织高领 127 针收针。

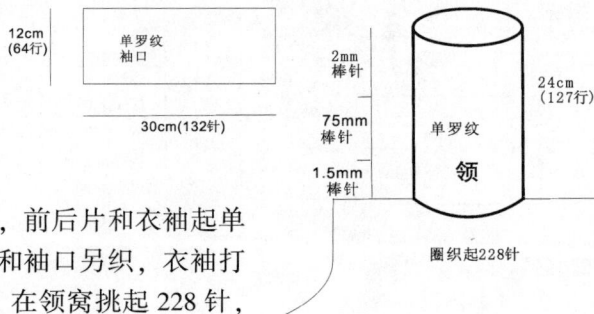

12cm(64行)

单罗纹
袖口

30cm(132针)

2mm 棒针

75mm 棒针

1.5mm 棒针

24cm(127行)

单罗纹
领

圈织起228针

百搭高领紧身装

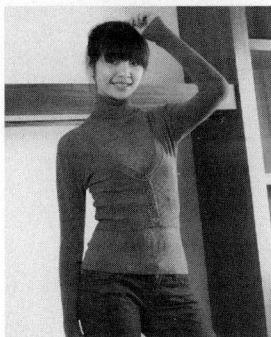

【成品规格】胸围 94cm　衣长 69cm　袖长 58cm

【工具】1.5mm 棒针　2mm 棒针　1.75mm 棒针

【材料】纯羊毛线

【密度】10cm²：44 针×53 行

【附件】纽扣 4 枚

【制作过程】本款为高领长袖毛衣，前后片按图织好，前片再织小背心，门襟为两个长矩形，与前后片衣袖缝合，在领窝挑起 228 针，织高领 127 行收针。

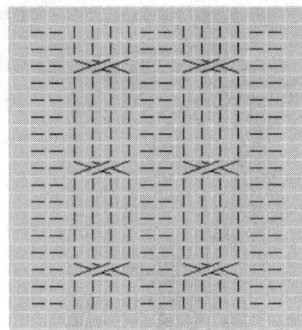

花样A

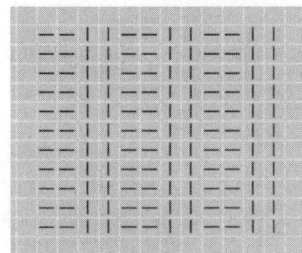

双罗纹

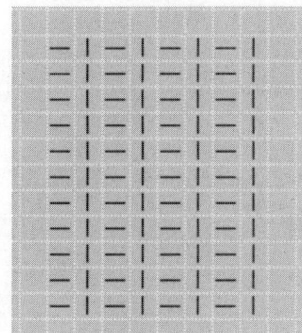

单罗纹

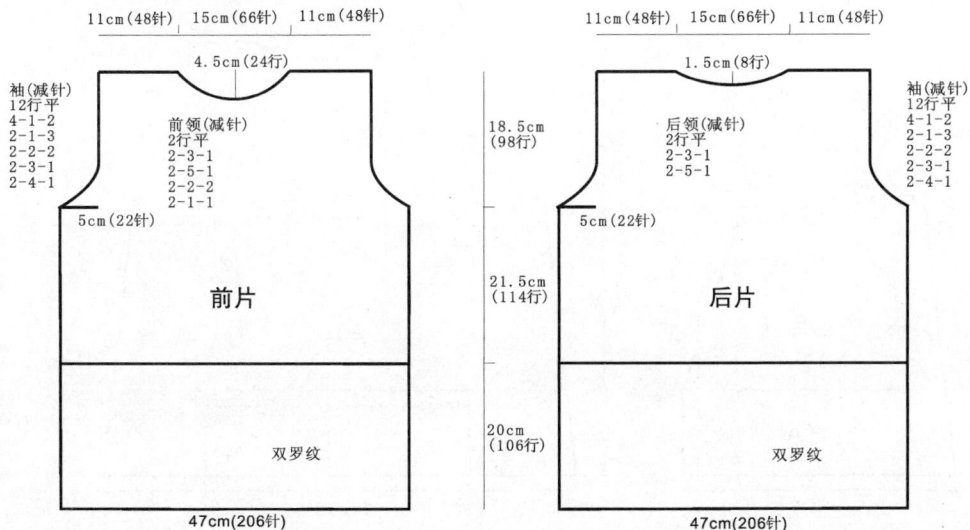

11cm(48针)　15cm(66针)　11cm(48针)

4.5cm(24行)

袖(减针)
12行平
4-1-2
2-1-3
2-2-2
2-3-1
2-4-1

前领(减针)
2行平
2-3-1
2-5-1
2-2-2
2-1-1

5cm(22针)

前片

双罗纹

47cm(206针)

11cm(48针)　15cm(66针)　11cm(48针)

1.5cm(8行)

18.5cm(98行)

后领(减针)
2行平
2-3-1
2-5-1

5cm(22针)

21.5cm(114行)

后片

20cm(106行)

双罗纹

47cm(206针)

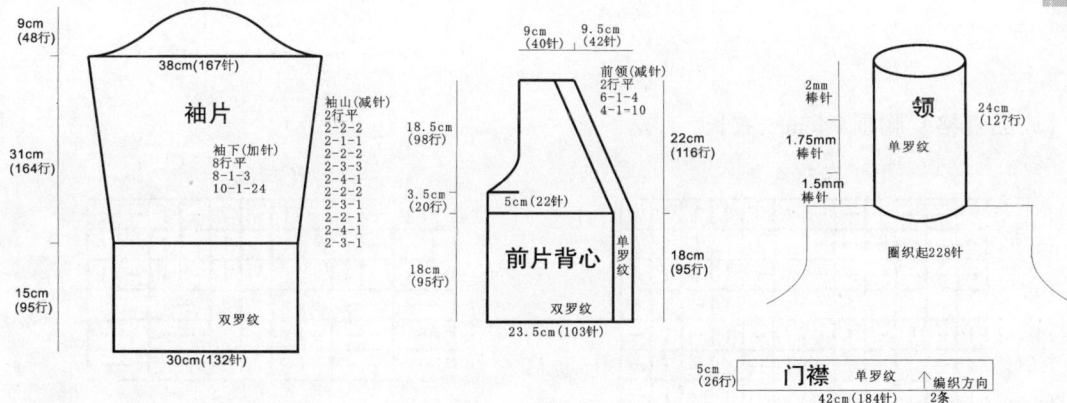

9cm(48行)

38cm(167针)

袖片

31cm(164行)

袖山(减针)
2行平
2-2-2
2-1-1
2-2-2
2-3-3
2-4-1
2-2-2
2-1-2
2-1-1
2-4-1
2-3-1

袖下(加针)
8行平
8-1-3
10-1-24

15cm(95行)

双罗纹

30cm(132针)

9cm(40针)　9.5cm(42针)

前领(减针)
2行平
6-1-4
4-1-10

18.5cm(98行)

3.5cm(20行)

5cm(22针)

前片背心

18cm(95行)

双罗纹

23.5cm(103针)

22cm(116行)

18cm(95行)

单罗纹

2mm
棒针

领

24cm(127行)

1.75mm
棒针

1.5mm
棒针

单罗纹

圈织起228针

5cm(26针)

门襟　单罗纹　↑编织方向

42cm(184针)　2条

新版棒针靓丽衫

119

百搭高领紧身装

【成品规格】胸围 98cm 衣长 65cm 袖长 65cm

【工具】13 号棒针

【材料】羊毛混纺线

【密度】10cm²：31 针×50 行

【制作过程】棒针起头编织花样 A，前片分左右两片编织，缝合肩部、腋下，挑领边编织花样 B，袖片完成与正身缝合。

领

花样B

30针

2-7-1
2-2-1
2-1-2
2-1-2
2-1-1
2-1-1
2-1-1
4-1-1
2-4-1
2-2-1
2-2-2

22cm

总120针

袖片

6-2-5

8-2-5

28cm

10-2-10

15cm

花样A

80 针

9cm
20针

2-1-2
2-2-2
2-3-2
2-6-1

右前片

4-1-2
2-1-2
2-2-3
2-1-4
2-2-4
2-1-6
2-2-2

20-2-5

花样A

80针

9cm
20针

23cm
64针

9cm
20针

2-1-2
2-2-2
2-3-2
2-6-1

22cm

150针
49cm

后片

28cm

20-2-5

15cm

花样A

160针

2cm

领边

花样A

花样B

典雅花边蕾丝装

【成品规格】胸围 110cm　衣长 75cm　袖长 30cm

【工具】13 号棒针

【材料】三股细毛线　松紧带　花边

【密度】10cm²：40 针×50 行

【制作过程】起平针编织前后片一样，两袖片与正身缝合，腰部放一根松紧带，下摆和领口处缝上花边。

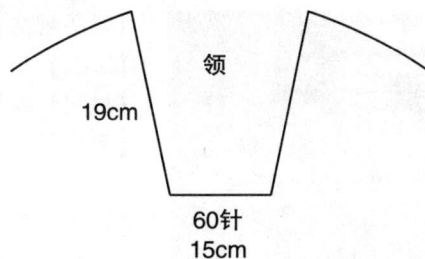

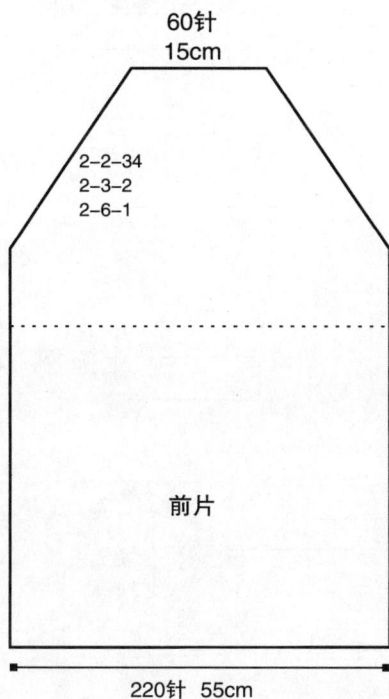

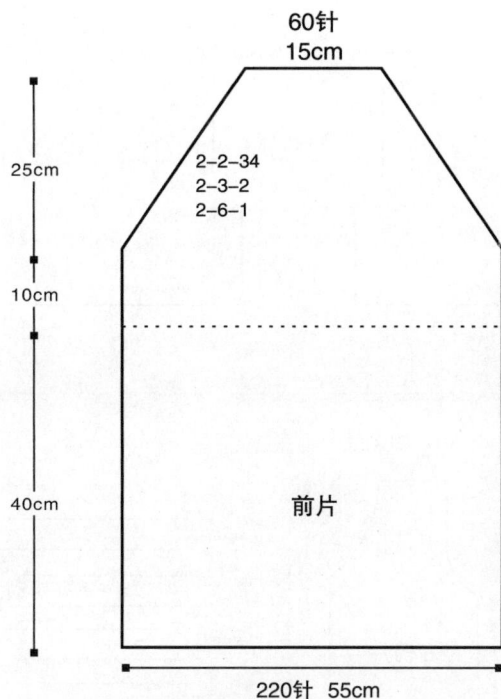

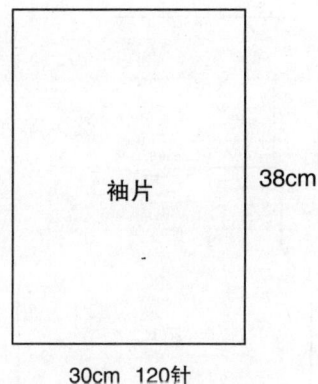

领

19cm

60针
15cm

60针
15cm

60针
15cm

2-2-34
2-3-2
2-6-1

2-2-34
2-3-2
2-6-1

25cm

10cm

40cm

前片

前片

袖片

38cm

220针　55cm

220针　55cm

30cm　120针

甜美女生装

【成品规格】胸围 94cm　衣长 80cm　袖长 66cm

【工具】2mm 棒针　环形针

【材料】纯羊毛线

【密度】10cm²：44 针×53 行

【附件】纽扣 5 枚

【制作过程】本款为长袖裙式毛衣，前后片
按图针织起针，编入花样 A，袖口为抓袖，
裙摆下部编入花样 A，裙腰打皱褶与衣身、
袖子缝合。花样可按花样 A 自由设计。

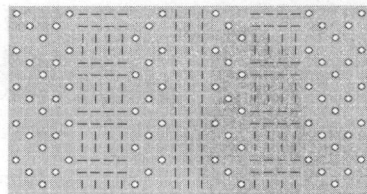

花样A

34cm
(180行)

裙摆

花样A　　10cm
(53行)

140cm(616针)

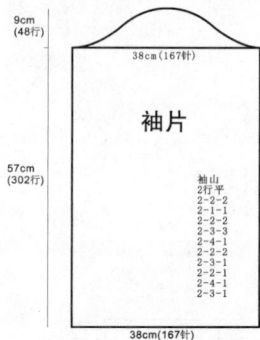

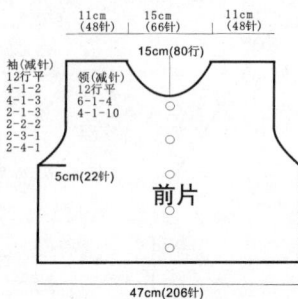

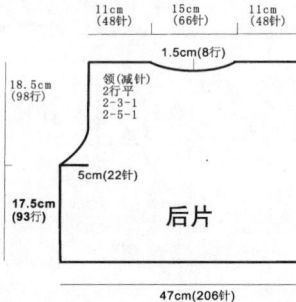

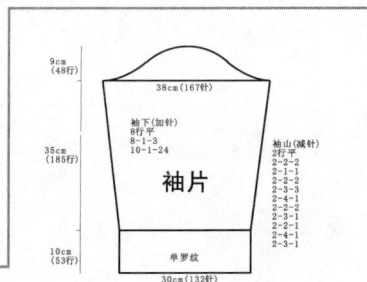

袖片

9cm(48行)

38cm(167针)

57cm(302行)

袖(减针)
12行平
4-1-2
4-1-3
2-1-3

袖山平
2行平
2-2-2
2-1-1
2-2-2
2-4-1
2-2-2
2-3-1
2-2-1
2-3-1

38cm(167针)

11cm(48针)　15cm(66针)　11cm(48针)

15cm(80行)

领(减针)
12行平
6-1-4
4-1-10

前片

5cm(22针)

11cm(48针)　15cm(66针)　11cm(48针)

1.5cm(8行)

18.5cm(98行)

领(减针)
2行平
2-3-1
2-5-1

后片

5cm(22针)

17.5cm(93行)

47cm(206针)

袖(减针)
12行平
4-1-2
4-1-3
2-1-3
2-2-2
2-4-1

9cm(48行)

38cm(167针)

35cm(185行)

袖下(加针)
8-1-3
10-1-24

袖山平
2行平
2-2-1
2-1-1
2-2-2
2-4-1
2-4-1
2-2-1
2-3-1

袖片

10cm(53行)

单罗纹

30cm(132针)

11cm(48针)　15cm(66针)　11cm(48针)

1.5cm(8行)

袖(减针)
12行平
4-1-2
4-1-3
2-1-3
2-2-2
2-3-1
2-4-1

领(减针)
2行平
2-3-1
2-5-1

18.5cm(98行)

17.5cm(93行)

后片

5cm(22针)

47cn(206针)

11cm(48针)　7.5cm(33针)

领(减针)
12行平
6-1-4
4-1-10

袖(减针)
12行平
4-1-2
4-1-3
2-1-3
2-2-2
2-3-1
2-4-1

15cm(80行)

18.5cm(98行)

17.5cm(93行)

左前片

23cm(101针)

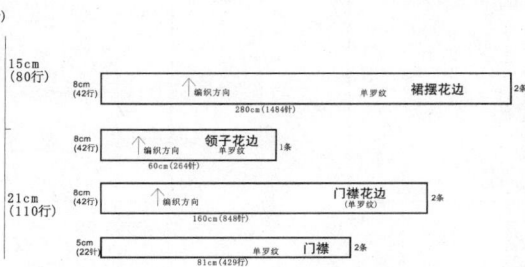

8cm(42行)　编织方向　单罗纹　裙摆花边　2条

280cm(1484针)

8cm(42行)　编织方向　领子花边　单罗纹　1条

60cm(264针)

8cm(42行)　编织方向　门襟花边　单罗纹　2条

160cm(848针)

5cm(22针)　单罗纹　门襟　2条

81cm(429针)

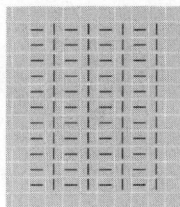

单罗纹

【成品规格】胸围 94cm　衣长 81cm　袖长 54cm

【工具】2mm 棒针　环形针

【材料】纯羊毛线

【密度】10cm²：44 针×53 行

【附件】纽扣 10 粒

【制作过程】本款为长袖裙式毛衣，前后片和衣袖按图针数起针，裙摆织好后，腰部打皱
褶与衣身和袖子缝合，领子、门襟和裙下摆花边也均为长矩形，按图示缝合，缝合时，
全部打皱褶。

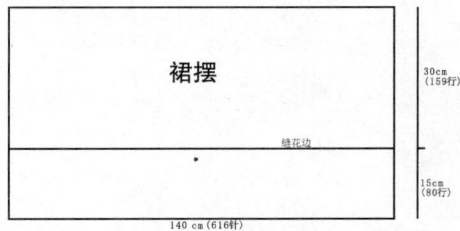

30cm(159行)

裙摆

缝花边

15cm(80行)

140 cm(616针)

都市丽人装

【成品规格】胸围 86cm　衣长 65cm　袖长 24cm
【工具】13 号棒针
【材料】红色纯羊毛线
【密度】10cm²：33 针×55 行
【制作过程】双罗纹起针编织花样 A 为底边，织物编织到一半时开始加针至袖长后平织至衣长，缝合前后片后，编织领边和袖边，编织一个袋口缝在前片下摆处。

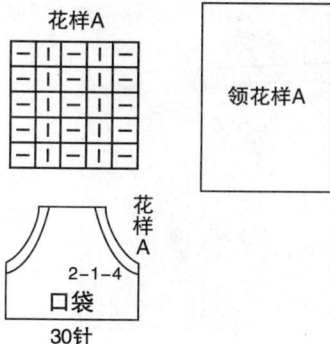

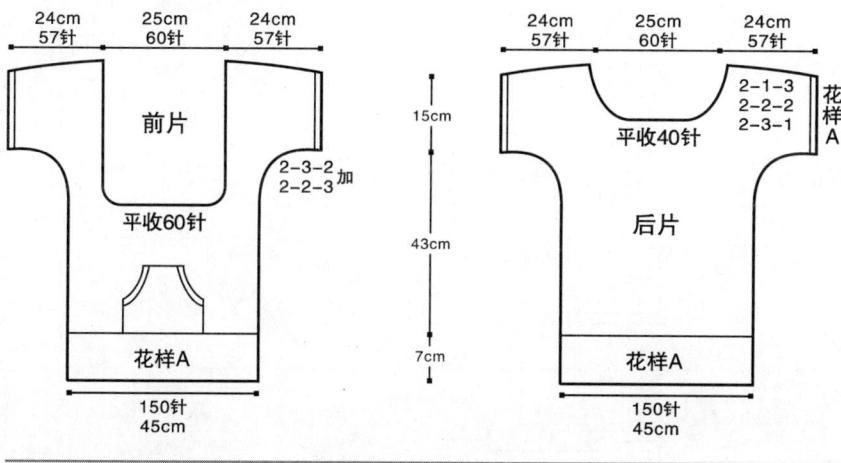

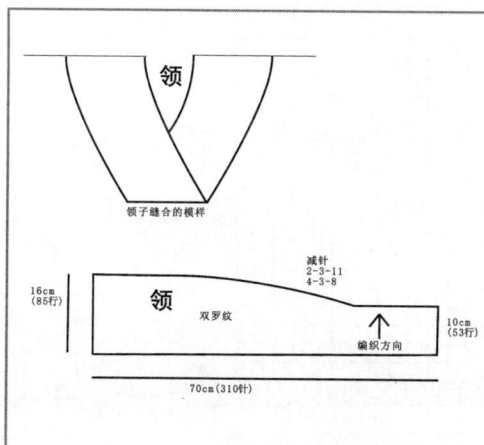

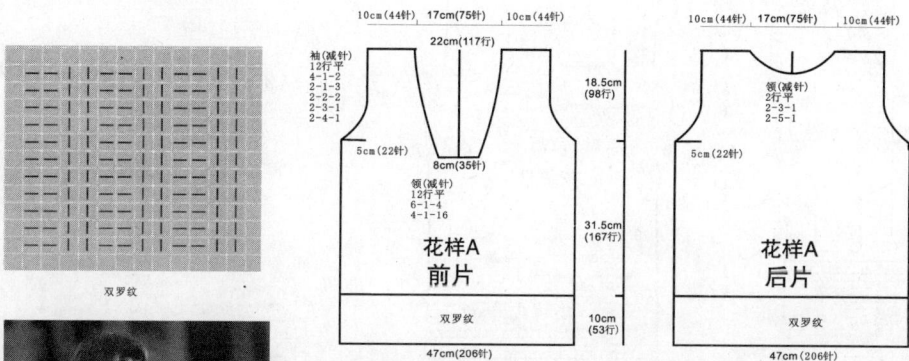

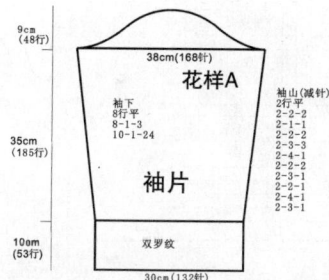

花样A

领花样A

花样A
2-1-4
口袋
30针

前片
平收60针
2-3-2加
2-2-3加
花样A

24cm 57针　25cm 60针　24cm 57针
150针 45cm

15cm
43cm
7cm

后片
平收40针
2-1-3
2-2-2
2-3-1 花样A
花样A

24cm 57针　25cm 60针　24cm 57针
150针 45cm

领
领子缝合的模样

16cm
领 双罗纹
减针
2-3-11
4-3-8
编织方向
10cm（53行）
70cm（310针）

双罗纹

双罗纹

前片
花样A
双罗纹
10cm（44针）17cm（75针）10cm（44针）
22cm（117行）
袖（减针）
12行平
4-1-2
2-1-3
2-2-2
2-3-1
2-4-1
5cm（22针）
8cm（35针）
领（减针）
12行平
6-1-4
4-1-16
18.5cm（98行）
31.5cm（167行）
10cm（53行）
47cm（206针）

后片
花样A
双罗纹
10cm（44针）17cm（75针）10cm（44针）
领（减针）
2行平
2-3-1
2-5-1
5cm（22针）
47cm（206针）

袖片
花样A
双罗纹
9cm（48行）
38cm（168针）
袖山（减针）
2行平
2-2-2
2-1-1
2-2-3
2-2-2
2-2-1
2-3-1
2-4-1
2-3-1
袖下
8行平
8-1-3
10-1-24
35cm（185行）
10cm（53行）
30cm（132针）

花样A

【成品规格】胸围 94cm　衣长 60cm　袖长 54cm
【工具】2mm 棒针
【材料】纯羊毛线
【密度】10cm²：44 针×53 行
【制作过程】本款为大翻领长袖毛衣，前后衣片和袖子按图起罗纹收针，织53 行起花样，织完缝合，领子另织，按领子缝合的模样缝合。

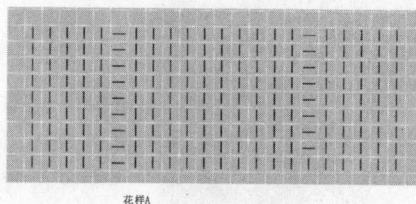

紫色淑女装

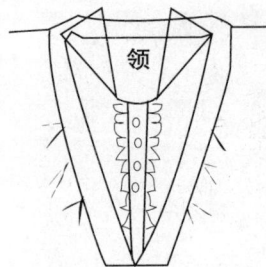

领

【成品规格】胸围 96cm　衣长 56cm　袖长 53cm

【工具】1.7mm 棒针

【材料】细毛线

【密度】10cm²：44 针×53 行

【制作过程】起罗纹边，织花样 A，正身织花样 B，照样图织完缝合。织领边 2cm 在 V 字边上各均匀打 3 个褶。

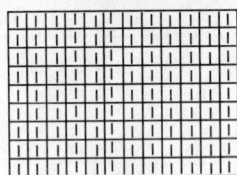

花样B

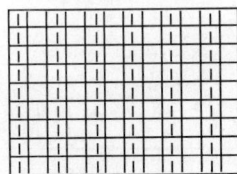

□ = ─

花样A

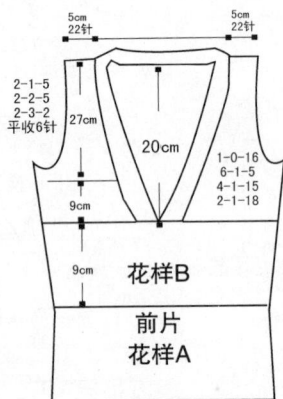

5cm 22针　5cm 22针

2-1-5
2-2-5
2-3-2
平收6针

27cm

20cm

1-0-16
6-1-5
4-1-15
2-1-18

9cm

9cm

花样B
前片
花样A

18cm

18cm

20cm

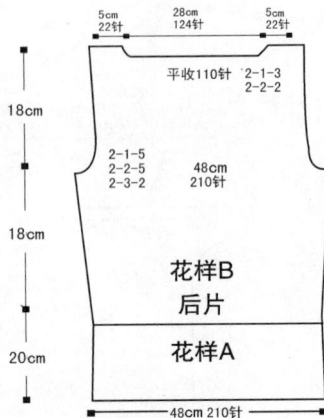

5cm 22针　28cm 124针　5cm 22针

平收110针　2-1-3
2-2-2

2-1-5
2-2-5
2-3-2

48cm 210针

花样B
后片
花样A

48cm 210针

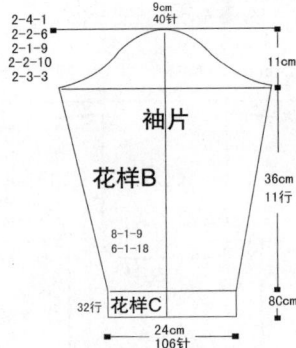

9cm 40针

2-4-1
2-2-6
2-1-9
2-2-10
2-3-3

11cm

袖片
花样B

36cm
11行

8-1-9
6-1-18

32行　花样C

8cm

24cm 106针

新版棒针靓丽衫

124

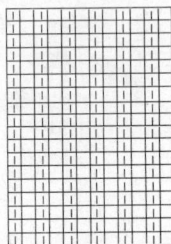

□ = ─

花样A

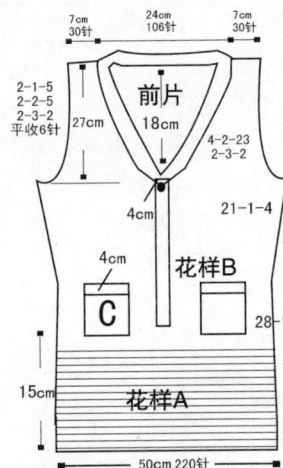

7cm 30针　24cm 106针　7cm 30针

2-1-5
2-2-5
2-3-2
平收6针

27cm

前片
18cm

4cm

4cm

C

4-2-23
2-3-2

21-1-4

花样B

28-1-4

15cm

花样A

50cm 220针

18cm

16cm

21cm

15cm

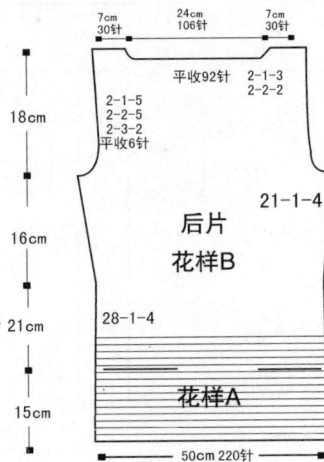

7cm 30针　24cm 106针　7cm 30针

平收92针　2-1-3
2-2-2

2-1-5
2-2-5
2-3-2

21-1-4

后片
花样B

28-1-4

花样A

50cm 220针

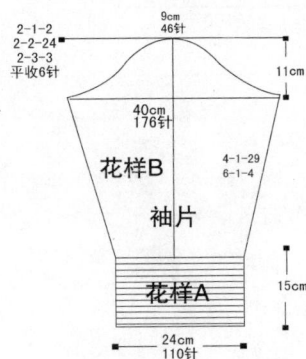

9cm 46针

2-1-2
2-2-24
2-3-3
平收6针

11cm

40cm 176针

花样B

袖片

4-1-29
6-1-4

花样A

15cm

24cm 110针

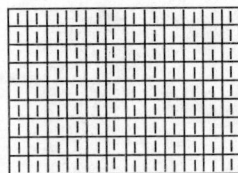

花样B

【成品规格】胸围 100cm　衣长 70cm　袖长 53cm

【工具】1.7mm 棒针

【材料】细毛线

【密度】10cm²：44 针×53 行

【制作过程】起头单罗纹边：双色线织花样 A，正身用单色线织花样 B，照衣样图织完缝合，针织单罗纹 110cm，镶在领边至中间兜口上。

优雅腰带装

【成品规格】胸围88cm　衣长60cm　袖长20cm
【工具】13号棒针
【材料】全毛细绒线
【密度】10cm²：40针×56行
【制作过程】起双罗纹编织底边，编织花样B，按照样衣纺织完，缝合肩部、腋下。挑领口、袖口编织，缝合门襟，配上腰带。

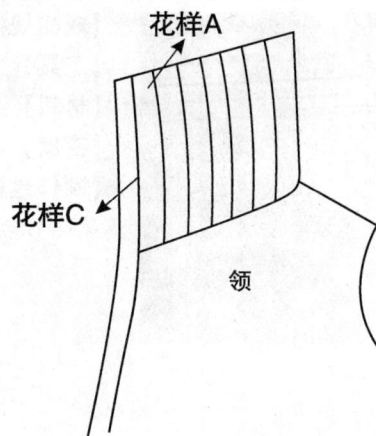

花样A

花样C

领

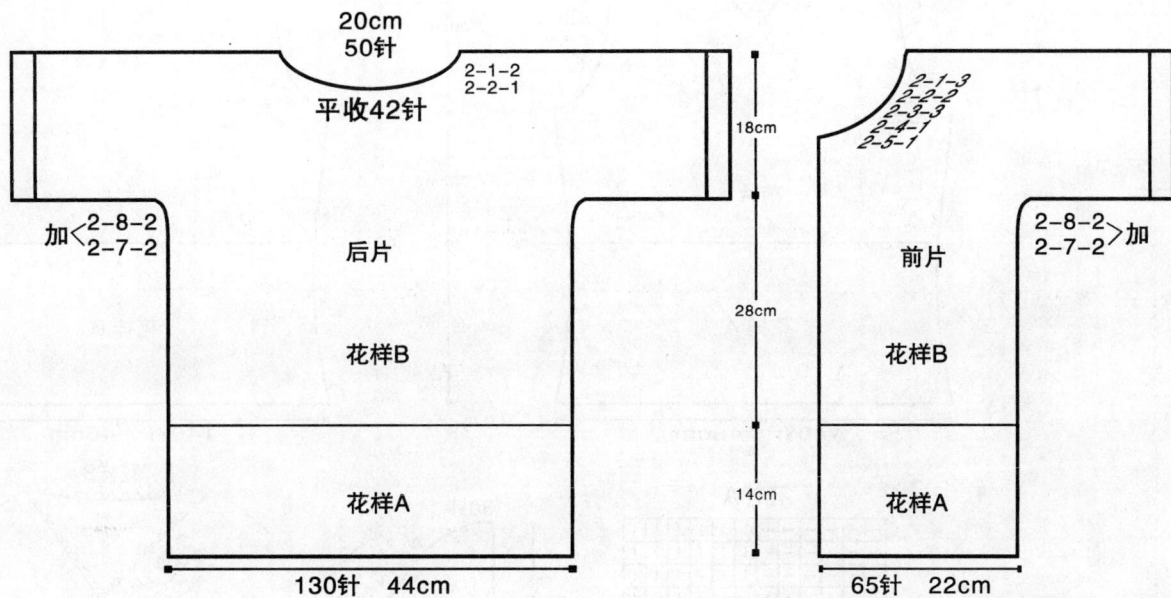

20cm
50针
2-1-2
2-2-1
平收42针

18cm

加 < 2-8-2
2-7-2

后片

28cm

花样B

花样A

130针　44cm

2-1-3
2-2-2
2-3-3
2-4-1
2-5-1

2-8-2 > 加
2-7-2

前片

花样B

14cm

花样A

65针　22cm

花样B

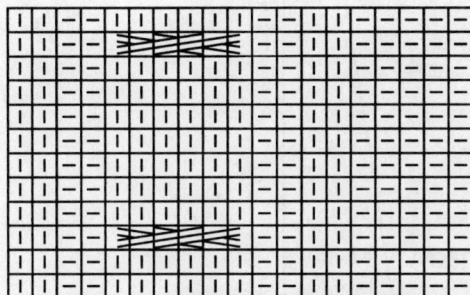

花样A

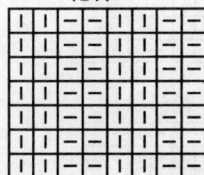

花样C

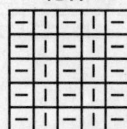

腰带

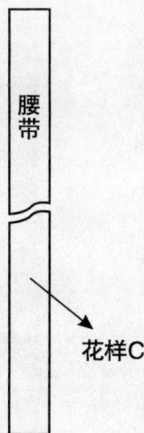

花样C

优雅腰带装

【成品规格】胸围 92cm　衣长 60cm　袖长 60cm

【工具】13 号棒针

【材料】细羊毛绒线

【密度】10cm²：30 针×50 行

【制作过程】起针编织花样 A20cm，前片上部分分左右编织，缝合前后身片，挑领口编织花样 B，袖片与正身缝合，缝上腰带。

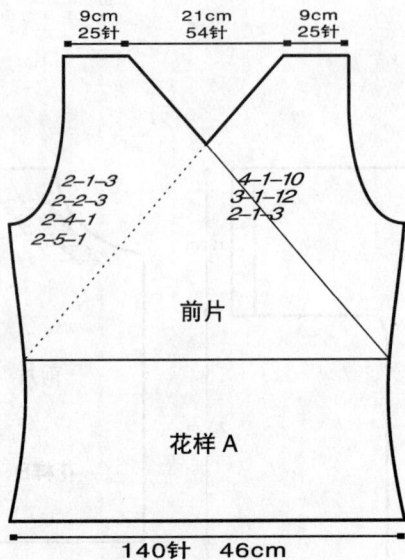

9cm 25针　21cm 54针　9cm 25针

2-1-3
2-2-3
2-4-1
2-5-1

4-1-10
3-1-12
2-1-3

20cm

20cm

前片

花样 A

140针　46cm

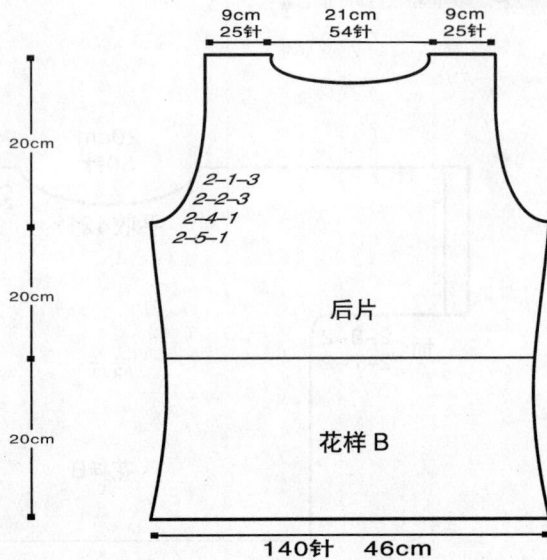

9cm 25针　21cm 54针　9cm 25针

20cm

2-1-3
2-2-3
2-4-1
2-5-1

20cm

后片

20cm

花样 B

140针　46cm

花样A

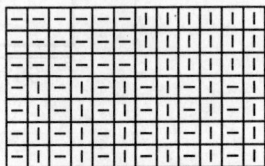

花样B

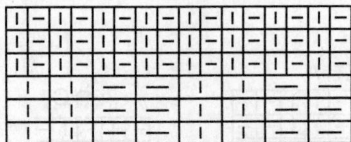

花样C

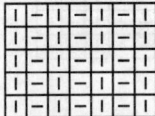

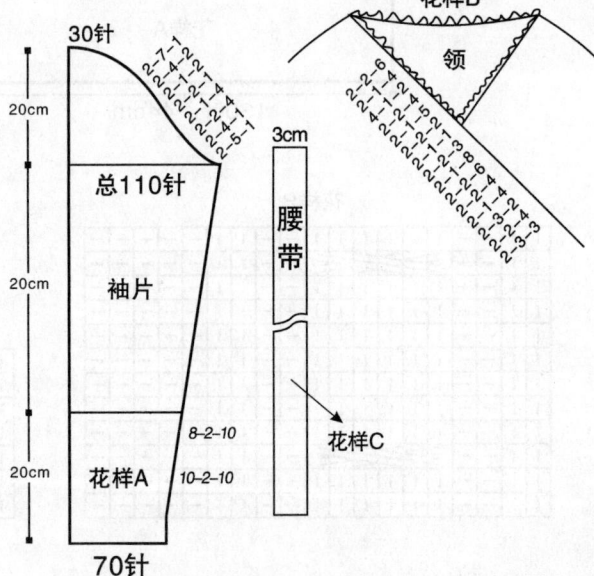

30针

20cm

2-7-1
2-1-1
2-2-2
2-2-2

1-4-1
1-4-2
2-2-4
2-4-5
2-5-1

总110针

20cm

袖片

8-2-10
10-2-10

20cm

花样A

70针

3cm

腰带

花样C

花样B

领

深沉棕色装

【成品规格】胸围 85cm　衣长 58cm　袖长 60cm
【工具】14 号棒针
【材料】黑色三股细绒线
【密度】10cm²：40 针×55 行
【制作过程】以双罗纹起头编织，前后片织好缝合，环挑领边织，后上袖。

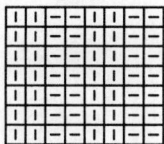

3cm

领

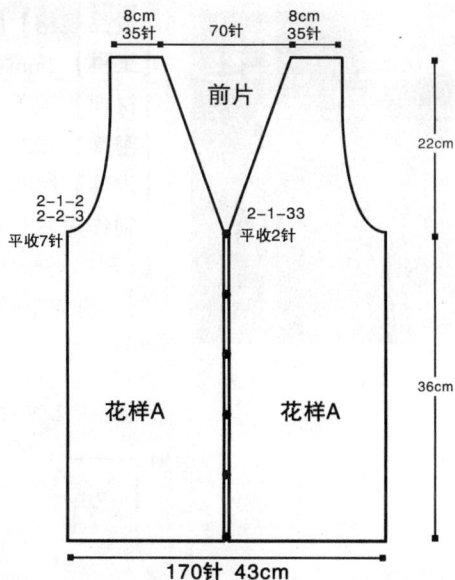

前片

8cm 35针　70针　8cm 35针

22cm

2-1-2
2-2-3
平收7针

2-1-33
平收2针

花样A　花样A

36cm

170针 43cm

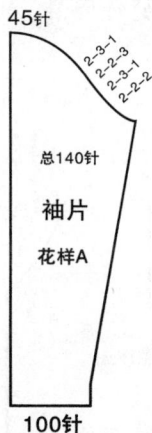

45针

2-3-1
2-2-3
2-3-1
2-2-2

总140针

袖片
花样A

100针

后片
花样A

170针 43cm

花样A

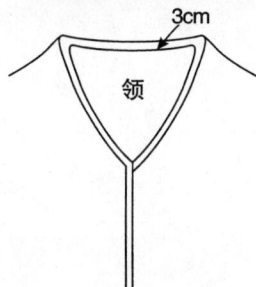

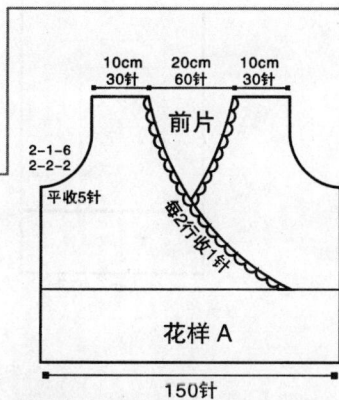

10cm 30针　20cm 60针　10cm 30针

2-1-6
2-2-2
平收5针

前片

每2行收1针

花样 A

150针

22cm

28cm

18cm

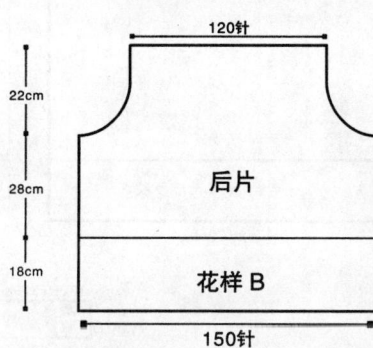

120针

后片

花样 B

150针

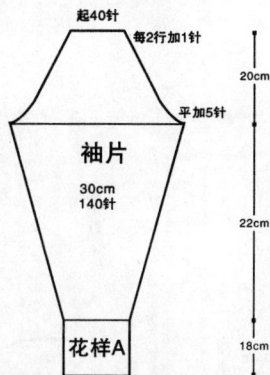

起40针　每2行加1针

平加5针

袖片

30cm 140针

花样A

20cm

22cm

18cm

【成品规格】胸围 96cm　衣长 68cm　袖长 60cm
【工具】14 号棒针
【材料】咖啡色细羊绒线
【密度】10cm²：30 针×55 行
【制作过程】以单罗纹编织底边，底边织好后前片分两片织，织 5cm 左右开始收衣领，织好后缝合前后片，然后织衣领。

领

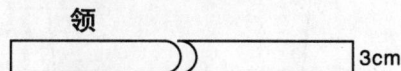

3cm

花样A

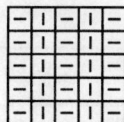

潇洒竖领拉链衫

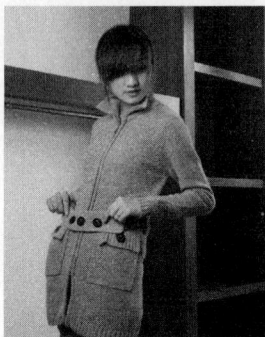

【成品规格】胸围 94cm 　衣长 69cm 　袖长 54cm

【工具】2mm 棒针

【材料】纯羊毛线

【密度】10cm²：44 针×53 行

【附件】纽扣 5 枚 　拉链 1 条

【制作过程】本款为拉链长袖翻领毛衣，前后片和衣袖按图起双罗纹，织好后衣身与衣袖缝合，袋子织好缝到衣前片，左右各一个，然后缝合袋盖，领子挑起 175 针织双罗纹翻领，再装上拉链，腰带纽扣用于装饰。

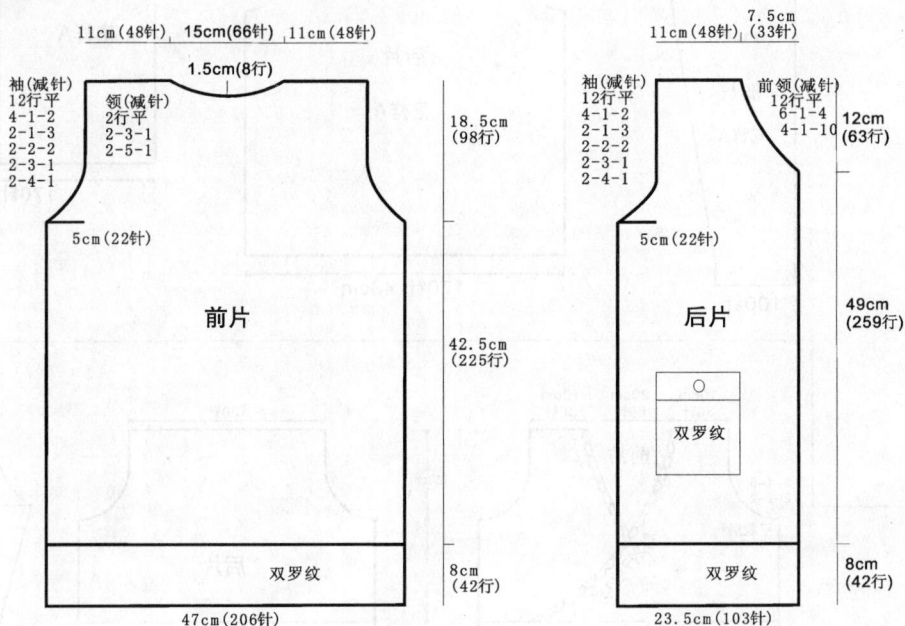

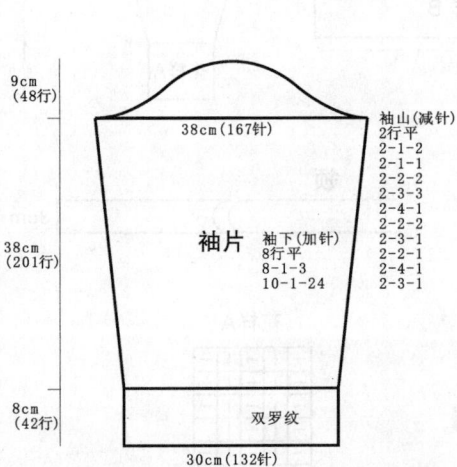

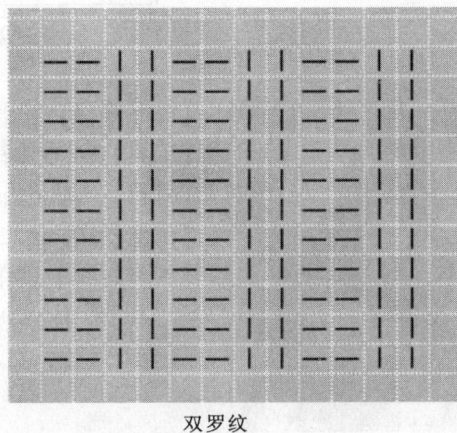

前片

11cm(48针) 　15cm(66针) 　11cm(48针)

1.5cm(8行)

袖(减针)
12行平
4-1-2
2-1-3
2-2-2
2-3-1
2-4-1

领(减针)
2行平
2-3-1
2-5-1

18.5cm(98行)

5cm(22针)

42.5cm(225行)

双罗纹

8cm(42行)

47cm(206针)

后片

7.5cm(33针)

11cm(48针)

袖(减针)
12行平
4-1-2
2-1-3
2-2-2
2-3-1
2-4-1

前领(减针)
12行平
6-1-4
4-1-10

12cm(63行)

5cm(22针)

49cm(259行)

双罗纹

双罗纹

8cm(42行)

23.5cm(103针)

袖片

9cm(48行)

38cm(167针)

袖山(减针)
2行平
2-1-2
2-1-1
2-2-2
2-3-3
2-4-1
2-2-2
2-3-1
2-2-1
2-4-1
2-3-1

袖下(加针)
8行平
8-1-3
10-1-24

38cm(201行)

双罗纹

8cm(42行)

30cm(132针)

袋盖

13cm(57针)

5cm(26针)

双罗纹

袋子

15cm(80行)

13cm(57针)

腰带

8cm(35针)

30cm(159行)

双罗纹

妖娆胸花装

【成品规格】胸围 94cm　衣长 60cm

【工具】2mm 棒针　环形针

【材料】纯羊毛线

【密度】10cm²：44 针×53 行

【附件】纽扣 5 枚

【制作过程】本款为开襟长袖毛衣，起针织单罗纹，按花样织完前后片、衣袖。起单罗纹 13 针，织一个长矩形，再用环形针起 814 针，织另一个长矩形，衣片缝合后，环形针织的长矩形打皱褶，与单罗纹的长矩形缝合到门襟。

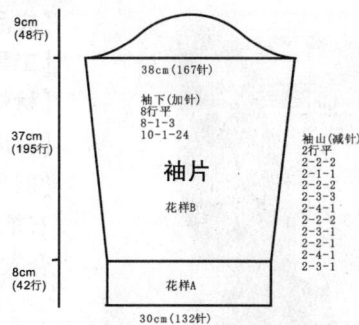

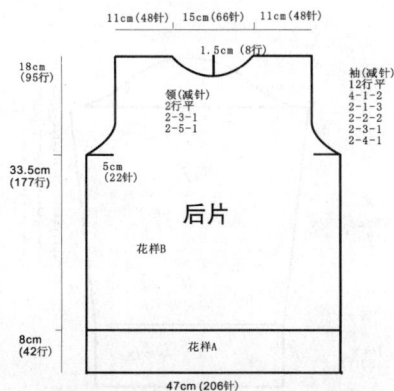

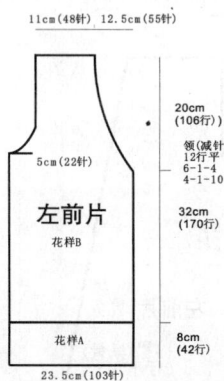

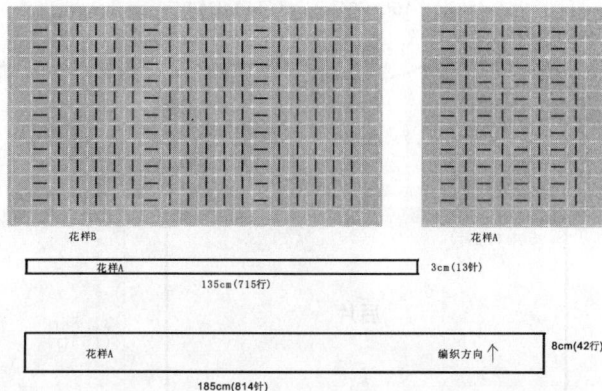

袖片
花样B
花样A
9cm（48行）
38cm（167针）
袖下（加针）
8行平
8-1-3
10-1-24
37cm（195行）
袖山（减针）
2行平
2-2-2
2-1-1
2-2-2
2-3-3
2-4-1
2-2-2
2-2-1
2-2-1
2-3-1
8cm（42行）
30cm（132针）

后片
花样B
花样A
11cm（48针）　15cm（66针）　11cm（48针）
1.5cm（8针）
18cm（95行）
领（减针）
2行平
2-3-1
2-5-1
33.5cm（177行）
5cm（22针）
袖（减针）
12行平
4-1-2
2-1-3
2-2-2
2-4-1
8cm（42行）
47cm（206针）

左前片
花样B
花样A
11cm（48针）　12.5cm（55针）
20cm（106行）
领（减针）
12行平
6-1-4
4-1-10
5cm（22针）
32cm（170行）
8cm（42行）
23.5cm（103针）

花样B
花样A
花样A
135cm（715针）　3cm（13针）
花样A
185cm（814针）　编织方向↑
8cm（42行）

【成品规格】胸围 96cm　衣长 56cm　袖长 53cm

【工具】1.7mm 棒针

【材料】细毛线

【密度】10cm²：44 针×53 行

【制作过程】起后片 210 针织平针 2cm 双边，然后照衣样图加减织好缝合。

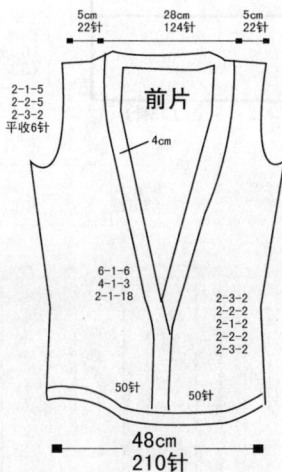

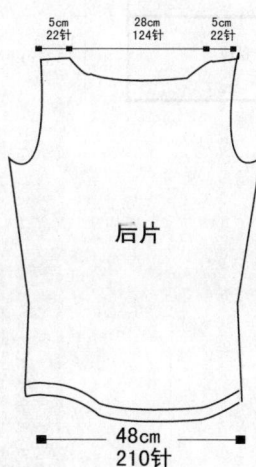

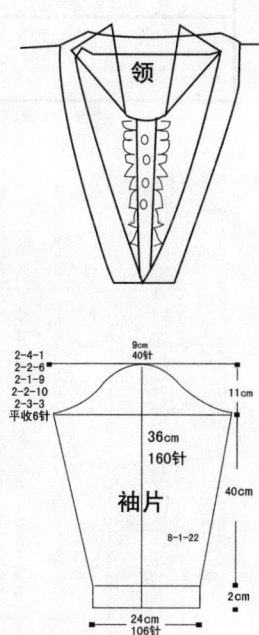

前片
5cm 22针　28cm 124针　5cm 22针
2-1-5
2-2-5
2-3-2
平收6针
4cm
6-1-6
4-1-3
2-1-18
2-3-2
2-2-2
2-1-2
2-2-2
2-3-2
50针　50针
48cm
210针

后片
5cm 22针　28cm 124针　5cm 22针
48cm
210针

领

袖片
2-4-1
2-2-6
2-2-9
2-2-10
2-3-3
平收6针
9cm 40针
11cm
36cm 160针
40cm
8-1-22
2cm
24cm 106针
2cm

新版棒针靓丽衫

129

妖娆胸花装

【成品规格】胸围 94cm　衣长 60cm　袖长 54cm

【工具】2mm 棒针

【材料】纯羊毛

【密度】10cm²：44 针×53 行

【制作过程】本款为开襟长袖毛衣，前片、后片、衣袖按图织好，门襟为一个长矩形，织好后，缝合衣身和袖子。

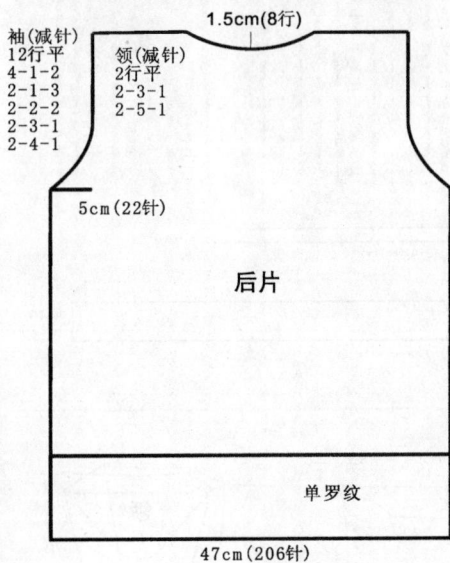

11cm(48针)　15cm(66针)　11cm(48针)

1.5cm(8行)

袖(减针)
12行平
4-1-2
2-1-3
2-2-2
2-3-1
2-4-1

领(减针)
2行平
2-3-1
2-5-1

5cm(22针)

后片

单罗纹

47cm(206针)

18.5cm(98行)

31.5cm(163行)

10cm(53行)

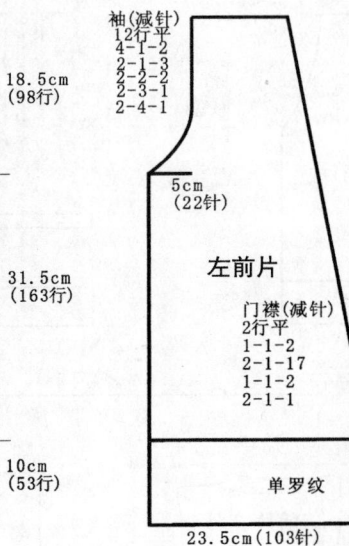

11cm(48针)　7.5cm(33针)

袖(减针)
12行平
4-1-2
2-1-3
2-2-2
2-2-2
2-4-1

5cm(22针)

左前片

门襟(减针)
2行平
1-1-2
2-1-17
1-1-2
2-1-1

单罗纹

23.5cm(103针)

40cm(212行)

10cm(53行)

10cm(53行)

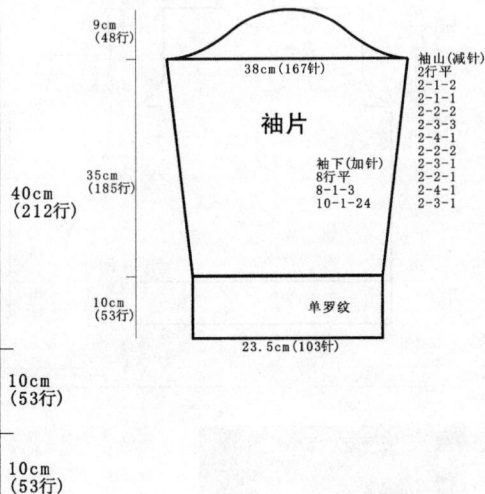

9cm(48行)

38cm(167针)

袖片

袖山(减针)
2行平
2-1-2
2-1-1
2-3-3
2-4-1
2-2-2
2-3-1
2-2-1
2-4-1
2-3-1

袖下(加针)
8行平
8-1-3
10-1-24

35cm(185行)

10cm(53行)

单罗纹

23.5cm(103针)

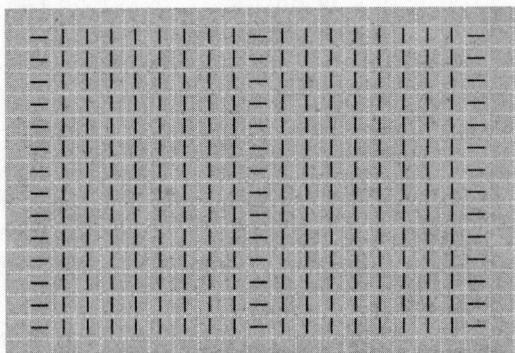

8cm(35针)

单罗纹

100cm(530行)

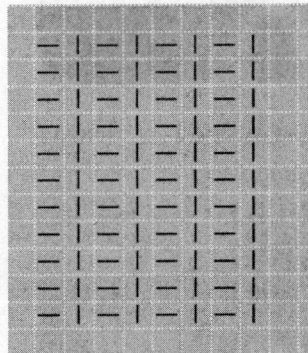

花样A　　　　单罗纹

灰白华丽装

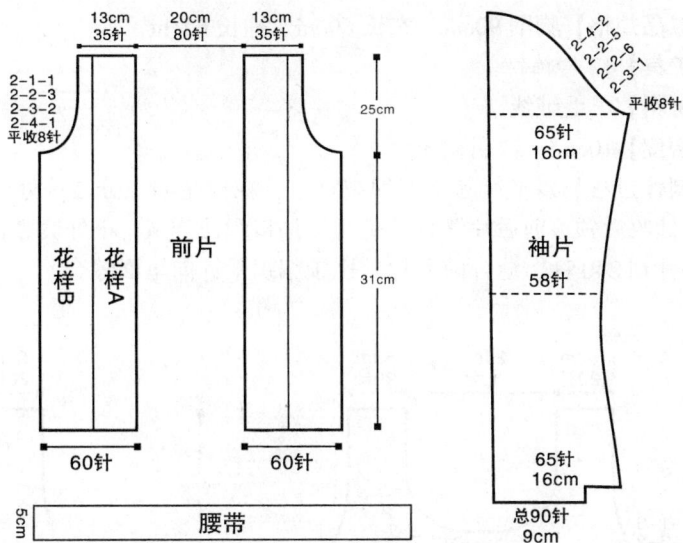

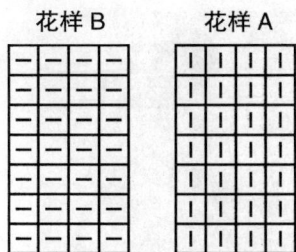

花样 B　　花样 A

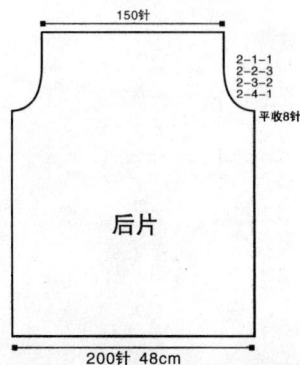

13cm 20cm 13cm
35针 80针 35针

2-1-1
2-2-3
2-3-2
2-4-1
平收8针

花样B　花样A　前片

60针　　60针

25cm

31cm

5cm　腰带

2-4-2
2-2-5
2-2-6
2-3-1
平收8针

65针
16cm

袖片
58针

65针
16cm

总90针
9cm

150针

2-1-1
2-2-3
2-3-2
2-4-1
平收8针

后片

200针 48cm

【成品规格】胸围 96cm
衣长 65cm　袖长 65cm
【工具】14 号棒针
【材料】灰色细山羊绒线
【密度】10cm²：45 针×55 行
【制作过程】后片起 200 针编织平针，前片左右片各起 60 针按照编织花样 A、B 编织，缝合前后片后织领边缝合，袖片织好缝合袖口。

□=□ 花样A

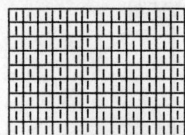

花样B

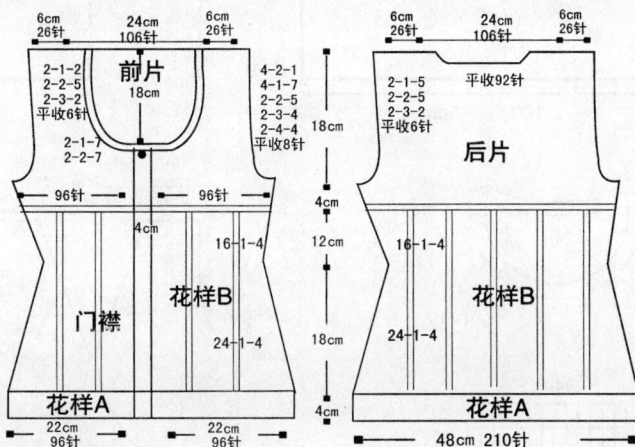

6cm 24cm 6cm
26针 106针 26针

2-1-2
2-2-5
2-3-2
平收6针

前片
18cm

4-2-1
4-1-7
2-2-5
2-3-4
2-4-4
平收8针

2-1-1
2-2-7

96针　96针

4cm

门襟

花样B

花样A

22cm
96针

22cm
96针

6cm 24cm 6cm
26针 106针 26针

2-1-5
2-2-5
2-3-2
平收6针

平收92针

后片

4cm

12cm

16-1-4

花样B

24-1-4

18cm

花样A

48cm 210针

16-1-4

24-1-4

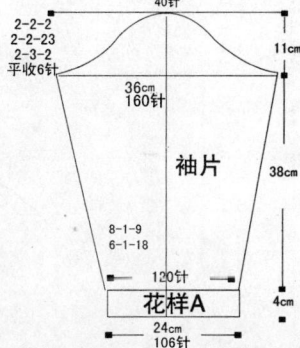

9cm
40针

2-2-2
2-2-23
2-3-2
平收6针

36cm
160针

袖片

8-1-9
6-1-18

120针

花样A

24cm
106针

11cm

38cm

4cm

【成品规格】胸围 96cm　衣长 56cm　袖长 53cm
【工具】1.7mm 棒针
【材料】细羊毛线
【密度】10cm²：44 针×53 行
【制作过程】起罗纹边，织花样 A，正身织花样 B，依衣样图都织完缝合，织两条门襟 E，缝在两个前片上。

细软灰色长袖衫

【成品规格】胸围 90cm　衣长 60cm　袖长 62cm

【工具】12 号棒针

【材料】羊毛绒线

【密度】10cm²：27 针×53 行

【制作过程】以平针起头先编织背心，在袖笼的三分之一处开前领，后领在袖笼的三分之二处收后领，前后片缝合后挑领，袖口织花样 A，小外套整件起 160 针，然后按编织图上加针到 240 针，缝合前后片后挑领编织平针向里面缝合。

前片

5cm 20针　24cm 50针　5cm 20针

2-1-6
2-2-2
平收5针

2-1-3
2-2-2
2-3-2
平收20针

120 针 45cm

后片

5cm 20针　24cm 50针　5cm 20针

2-1-2
2-2-2
平收38针

2-1-6
2-2-2
平收5针

22cm

33cm

120 针 45cm

领

花样A

花样A

10cm 25针　24cm 50针　10cm 25针

2-2-2
2-3-2
平收5针

2-1-13
2-2-6

2+2+5
2+3+10

23cm

17cm

袖片

15cm 35针

2-2-5
2-1-7
2-2-4
2-2-6
2-3-1
平收5针

总130针 34cm

6+2+1

8+2-10

80 针

细软灰色长袖衫

【成品规格】胸围 90cm　衣长 60cm　袖长 55cm

【工具】14 号棒针

【材料】细三股绒棉

【密度】$10cm^2$：31 针×55 行

【制作过程】前后衣片、袖片均用平针编织，肩部、袖下、腋下拼缝，挑织领口，领口边可以自由配色，钩合上袖。

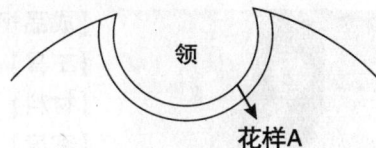

领

花样A

花样A

1	—	1	1	—	1
1	—	1	1	—	1
1	—	1	1	—	1
1	—	1	1	—	1
1	—	1	1	—	1

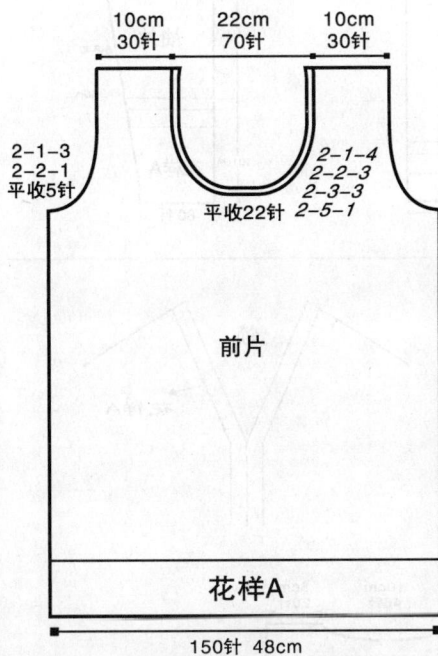

10cm
30针

22cm
70针

10cm
30针

2-1-3
2-2-1
平收5针

2-1-4
2-2-3
2-3-3
2-5-1

平收22针

前片

花样A

150针 48cm

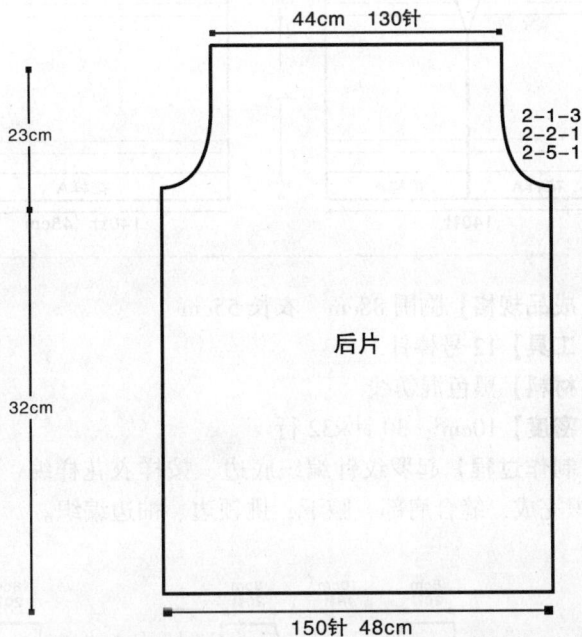

44cm　130针

23cm

2-1-3
2-2-1
2-5-1

后片

32cm

150针 48cm

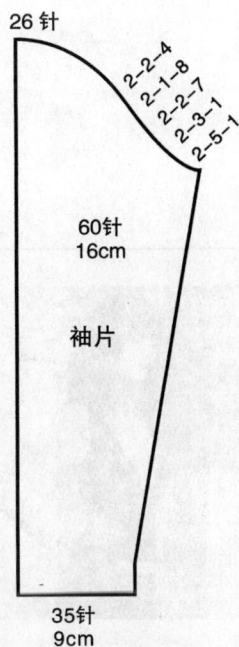

26 针

2-2-4
2-1-8
2-2-7
2-3-1
2-5-1

60针
16cm

袖片

35针
9cm

新版棒针靓丽衫

133

精简干练套装

【成品规格】胸围 90cm　衣长 65cm　袖长 65cm
【工具】13 号棒针
【材料】细毛线　纽扣 5 枚
【密度】10cm²：45 针×50 行
【制作过程】起罗纹针编织底边，按照样衣自由配色，前片分左右编织，缝合前后片，挑领编织，袖片编织好与正身缝合。

花样A

领

花样A

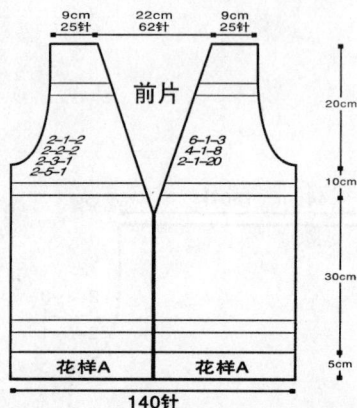

前片
9cm 25针　22cm 62针　9cm 25针
2-1-2
2-2-2
2-3-1
2-5-1
6-1-3
4-1-8
2-1-20
花样A　花样A
140针

20cm
10cm
30cm
5cm

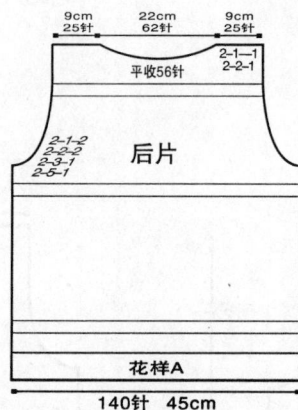

后片
9cm 25针　22cm 62针　9cm 25针
平收56针
2-1-1
2-2-1
2-1-2
2-2-2
2-3-1
2-5-1
花样A
140针　45cm

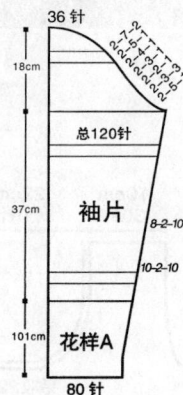

袖片
36针
18cm
总120针
37cm
8-2-10
10-2-10
101cm
花样A
80针

【成品规格】胸围 88cm　衣长 55cm
【工具】12 号棒针
【材料】黑色混纺线
【密度】10cm²：30 针×32 行
【制作过程】起罗纹针编织底边，按样衣花样编织完成，缝合肩部、腋下，挑领边、袖边编织。

领
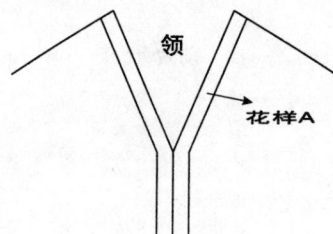
花样A

花样A
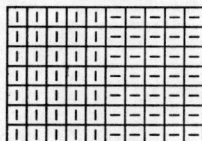

花样B

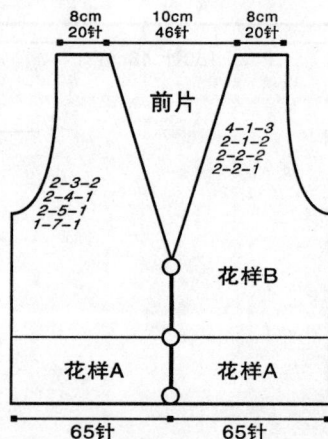

前片
8cm 20针　10cm 46针　8cm 20针
4-1-3
2-1-2
2-2-2
2-2-1
2-3-2
2-4-1
2-5-1
1-7-1
花样B
花样A　花样A
65针　65针

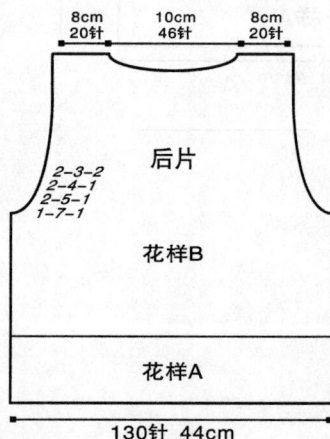

后片
8cm 20针　10cm 46针　8cm 20针
2-3-2
2-4-1
2-5-1
1-7-1
花样B
花样A
130针　44cm

精简干练套装

【成品规格】胸围 96cm　衣长 56cm　袖长 53cm
【工具】1.7mm 棒针
【材料】细毛线
【密度】10cm²：44 针×53 行
【制作过程】起罗纹边，织花样 A，正身织花样 B。
照样图——织完缝合。

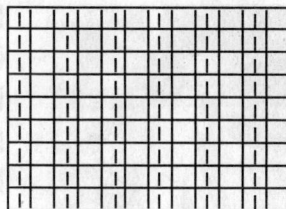

□ = □
花样A

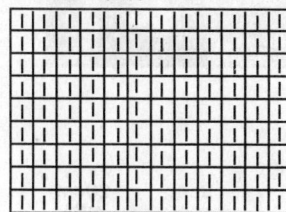

花样B

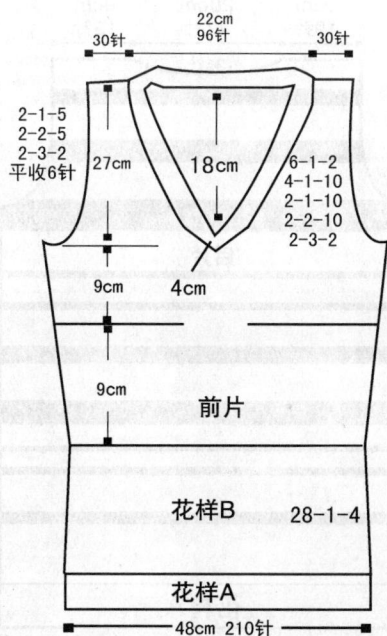

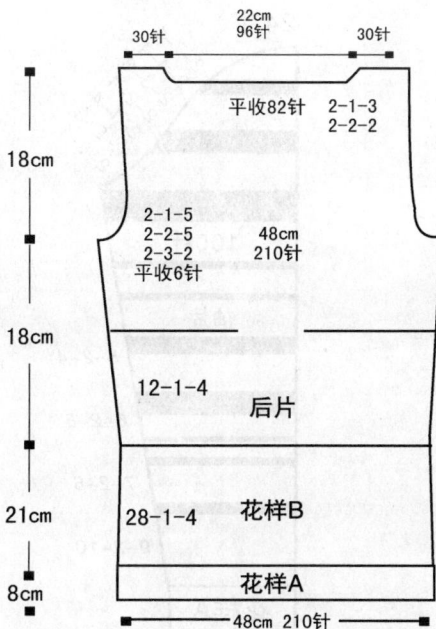

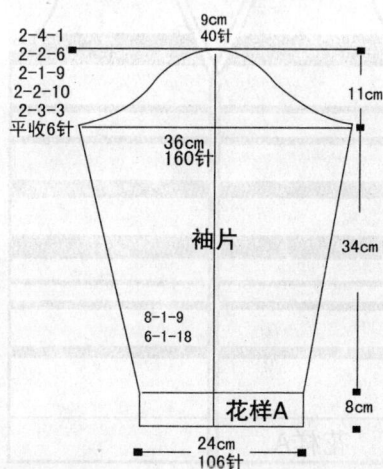

□ = □
领口花样

明亮天蓝精装

【成品规格】胸围 100cm　衣长 60cm　袖长 60cm
【工具】11 号棒针
【材料】2 色棉线
【密度】10cm²：21 针×35 行
【制作过程】罗纹起边织花样 A，依照样衣配色编织，前后片
　织好缝合后，挑领边编织，配色织两袖片，与正身缝合。

花样A

I	I	−	−	I	I
I	I	−	−	I	I
I	I	−	−	I	I
I	I	−	−	I	I
I	I	−	−	I	I

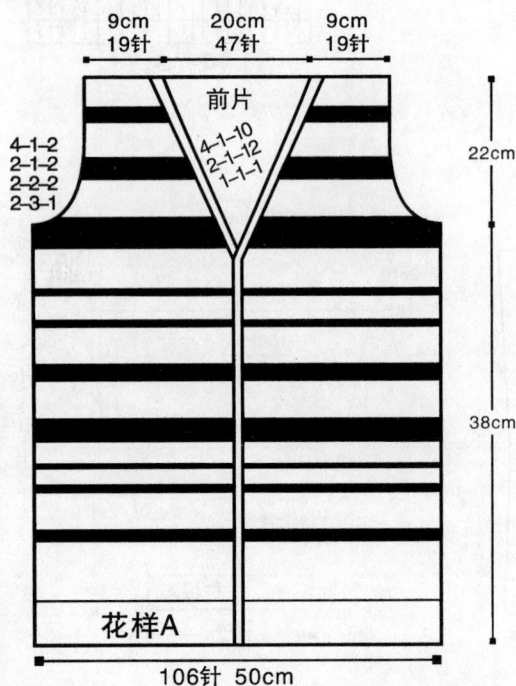

9cm 19针　20cm 47针　9cm 19针

前片

4-1-2
2-1-2
2-2-2
2-3-1

4-1-10
2-1-12
1-1-1

22cm

38cm

花样A

106针 50cm

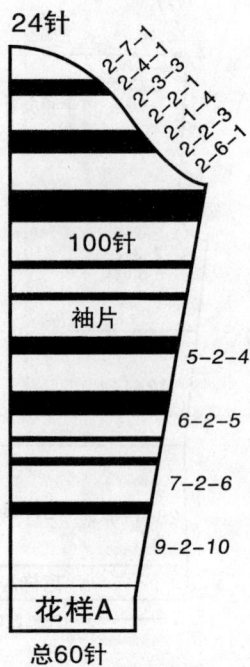

24针

2-7-1
2-4-1
2-3-3
2-3-2
2-1-4
2-2-3
2-1-2
2-6-1

100针

袖片

5-2-4

6-2-5

7-2-6

9-2-10

花样A

总60针

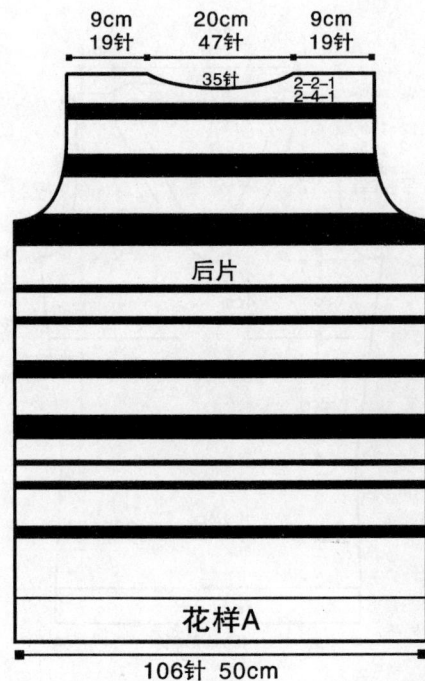

9cm 19针　20cm 47针　9cm 19针

35针

2-2-1
2-4-1

后片

花样A

106针 50cm

别致领口精装

【成品规格】胸围 98cm　衣长 60cm　袖长 62cm
【工具】13 号棒针
【材料】骆色羊山绒线
【密度】10cm²：27 针×50 行
【制作过程】底边编织花样 A，然后改织平针，领口编织花样 A，领口依样衣收低一点，前后片缝合，缝合袖片。

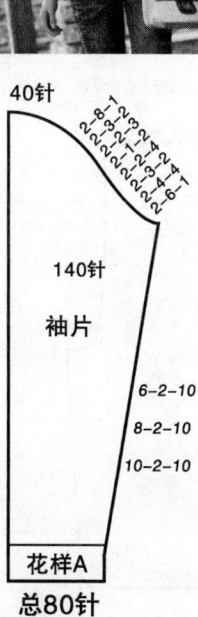

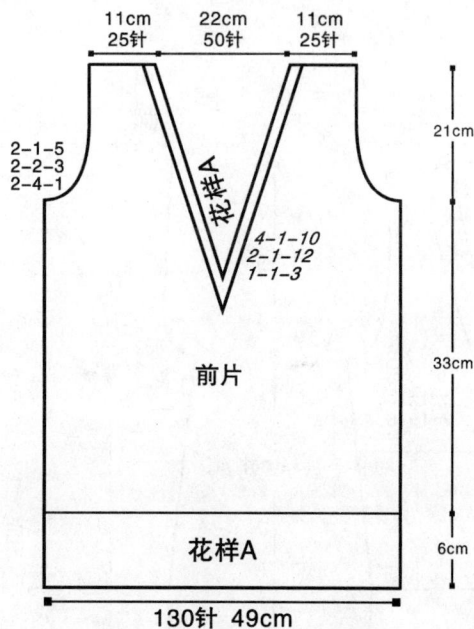

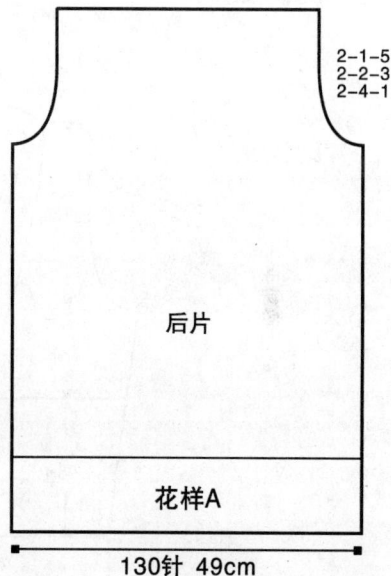

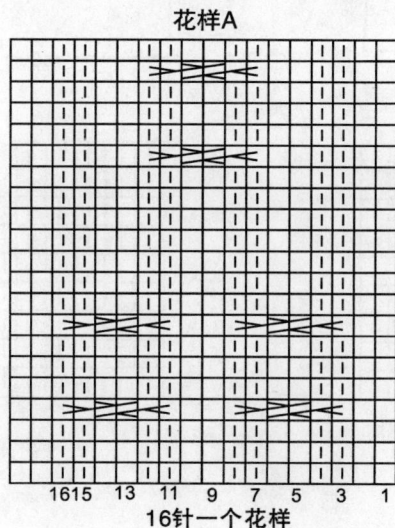

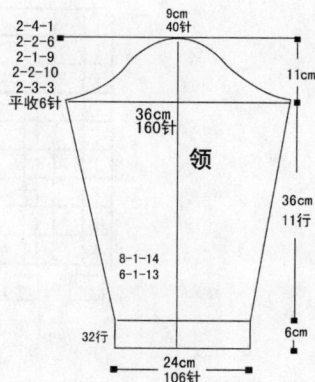

40针

8-2-1
2-2-2
2-2-2
2-3-1
2-3-1
2-2-2
2-3-4
2-3-4
2-2-2
6-2-1

140针

袖片

6-2-10

8-2-10

10-2-10

花样A

总80针

11cm 25针　22cm 50针　11cm 25针

2-1-5
2-2-3
2-4-1

花样A

4-1-10
2-1-12
1-1-3

21cm

前片

33cm

花样A

6cm

130针 49cm

2-1-5
2-2-3
2-4-1

后片

花样A

130针 49cm

花样A

1615　13　11　9　7　5　3　1
16针一个花样

2-4-1
2-2-6
2-1-9
2-2-10
2-3-3
平收6针

9cm 40针

11cm

36cm
160针

领

36cm
11行

8-1-14
6-1-13

32行

24cm
106针

6cm

别致领口精装

【成品规格】胸围 96cm　衣长 56cm　袖长 53cm

【工具】1.7mm 棒针

【材料】细毛线

【密度】10cm²：44 针×53 行

【制作过程】起罗纹边，织花样 A，正身织花样 B。领子另外做完。前后衣片、袖子照样图一一织完缝合。

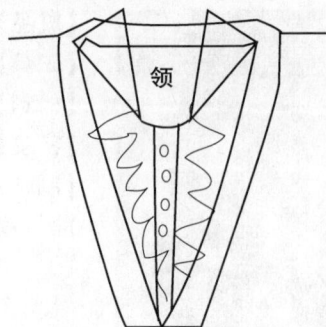

领

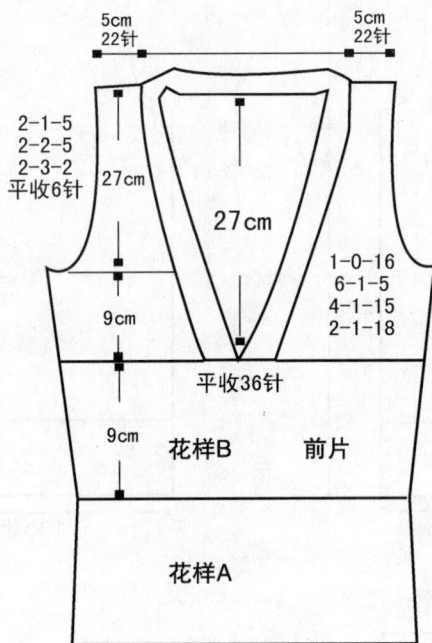

5cm 22针　　5cm 22针

2-1-5
2-2-5
2-3-2
平收6针

27cm

27cm

1-0-16
6-1-5
4-1-15
2-1-18

平收36针

9cm

9cm

花样B　前片

花样A

18cm

18cm

20cm

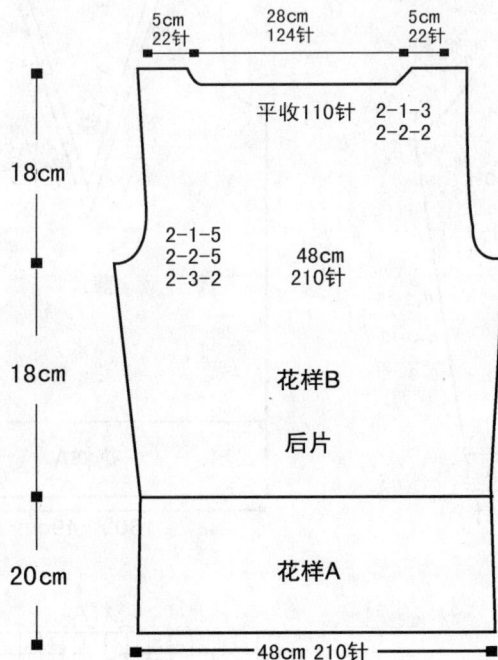

5cm 22针　28cm 124针　5cm 22针

平收110针　2-1-3
　　　　　　2-2-2

2-1-5
2-2-5
2-3-2

48cm
210针

花样B

后片

花样A

48cm 210针

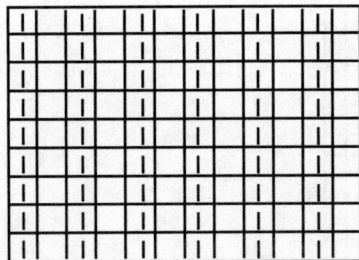

□ = │

花样A

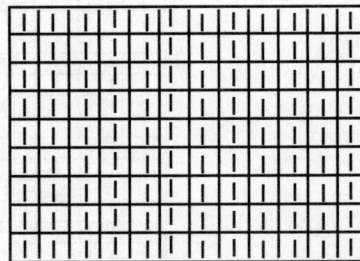

花样B

妙韵海蓝装

【成品规格】胸围 94cm 衣长 62cm 袖长 55cm

【工具】1.5mm 棒针

【材料】纯羊毛线

【密度】10cm²：44 针×53 行

【附件】珠片饰物

【制作过程】本款为有饰物装饰的长袖毛衣，先织前后片，起 206 针下针，饰物处为单罗纹，再织下摆起 206 针，织 127 行下针，再织 63 行单罗纹，下摆织 2 片，与前后片缝合，领处镶入饰物。

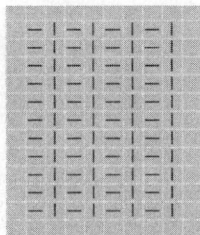

花样A

前片

11cm(48针) 15cm(66针) 11cm(48针)
18cm(95行)
领(减针) 12行平 6-1-4 4-1-10
袖(减针) 38行平 4-1-2 2-1-3 2-2-2 2-1-3 2-4-1
18.5cm(98行)
14.5cm(76行)
5cm(22针) 5cm(22针)
47cm(206针)

后片

11cm(48针) 15cm(66针) 11cm(48针)
1.5cm(8行)
领(减针) 2行平 2-3-1 2-5-1
袖(减针) 38行平 4-1-2 2-1-3 2-2-2 2-1-3 2-4-1
18.5cm(98行)
14.5cm(76行)
5cm(22针) 5cm(22针)
47cm(206针)

领

5cm(22针)
花样A 花样A

下摆

12cm(63行) 花样A
24cm(127行) 下摆
5cm(26行) 花样A
47cm(206针)

袖片

9cm(48行)
38cm(167针)
袖山(减针) 2行平 2-2-2 2-1-1 2-2-2 2-4-1 2-2-2 2-3-1 2-3-1
40cm(212行)
袖下(加针) 8行平 8-1-3 10-1-24
3cm(15行)
30cm(132针)

前片

11cm(48针) 15cm(66针) 11cm(48针)
13cm(69行)
领(减针) 12行平 6-1-4 4-1-10
袖(减针) 12行平 4-1-2 4-1-3 2-1-1 2-3-1 2-2-2 2-3-1 2-4-1
5.5cm 加针 (29行) 2-2-3 2-2-2
双罗纹
① ②
3cm(13针)
5cm(22针)
③
减针 平收22针 2-3-1 2-2-3
前片
双罗纹
47cm(206针)

后片

11cm(48针) 15cm(66针) 11cm(48针)
1.5cm(8行)
领(减针) 2行平 2-3-1 2-5-1
袖(减针) 12行平 4-1-2 4-1-3 2-1-1 2-3-1 2-2-2 2-3-1 2-4-1
18.5cm(98行)
④
双罗纹
加针 2-2-3 2-2-2
5cm(22针)
⑤
减针 平收22针 2-3-1 2-2-3
35.5cm(188行)
后片
15cm(80行)
双罗纹
47cm(206针)

袖片

9cm(48行)
38cm(167针)
袖山(减针) 2行平 2-1-1 2-1-3 2-2-2 2-4-1 2-2-2 2-3-1 2-3-1
30cm(159行)
袖下(加针) 8行平 8-1-3 10-1-24
15cm(80行)
双罗纹
30cm(132针)

139

新版棒针靓丽衫

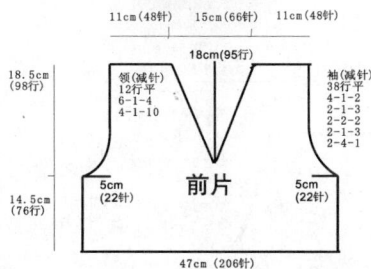

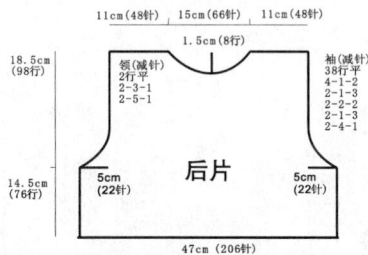

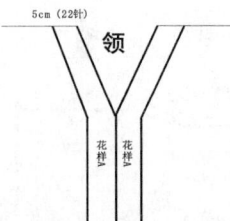

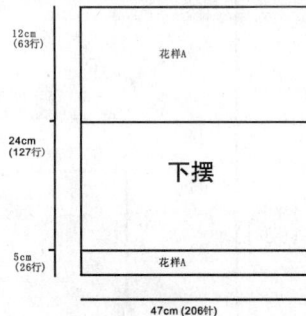

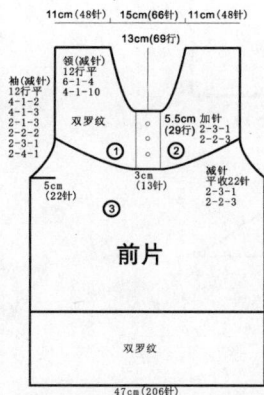

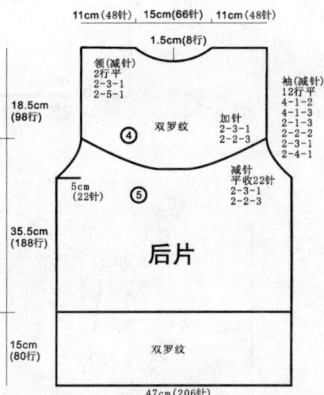

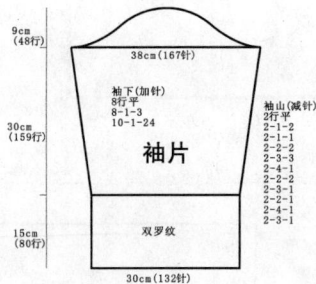

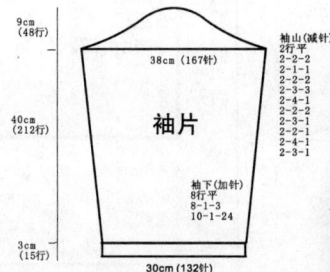

【成品规格】胸围 94cm 衣长 69cm 袖长 54cm

【工具】2mm 棒针

【材料】纯羊毛线

【密度】10cm²：44 针×53 行

【附件】纽扣 3 枚

【制作过程】本款为长款毛衣，前后片按图分片织，织到前胸起双罗纹分片织好，按图缝合，缝合时前片领为左片重合右片，打纽扣装饰。

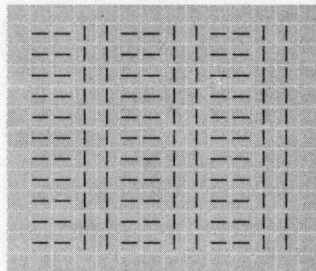

双罗纹

美丽动人装

【成品规格】胸围 94cm　衣长 69cm　袖长 54cm

【工具】2mm 棒针

【材料】纯羊毛线

【密度】10cm²：44 针×53 行

【制作过程】本款为开襟长袖毛衣，前后片按图织好，门襟为两个长矩形，下摆打皱褶与前后片衣袖缝合。

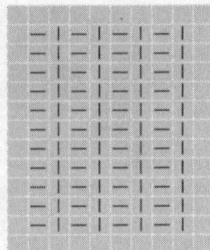

单罗纹

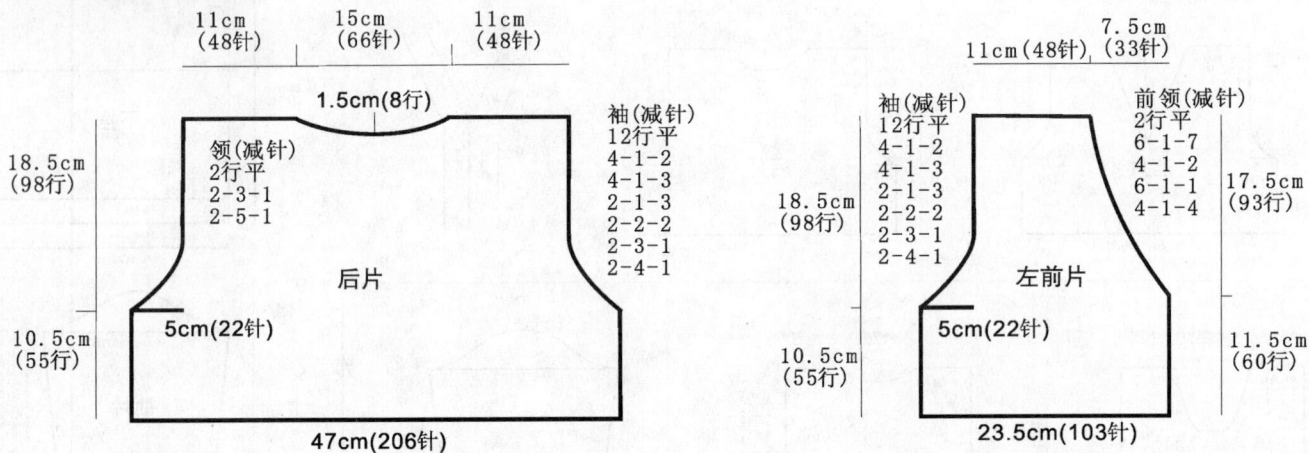

11cm
(48针)　　15cm
(66针)　　11cm
(48针)

1.5cm(8行)

18.5cm
(98行)

领(减针)
2行平
2-3-1
2-5-1

后片

袖(减针)
12行平
4-1-2
4-1-3
2-1-3
2-2-2
2-3-1
2-4-1

10.5cm
(55行)

5cm(22针)

47cm(206针)

11cm(48针)　7.5cm
(33针)

袖(减针)
12行平
4-1-2
4-1-3
2-1-3
2-2-2
2-3-1
2-4-1

前领(减针)
2行平
6-1-7
4-1-2
6-1-1
4-1-4

18.5cm
(98行)

左前片

17.5cm
(93行)

10.5cm
(55行)

5cm(22针)

11.5cm
(60行)

23.5cm(103针)

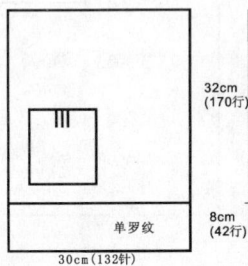

32cm
(170行)

8cm
(42行)

单罗纹

30cm(132针)

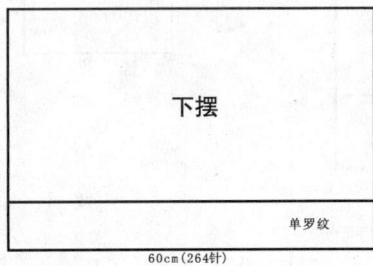

下摆

单罗纹

60cm(264针)

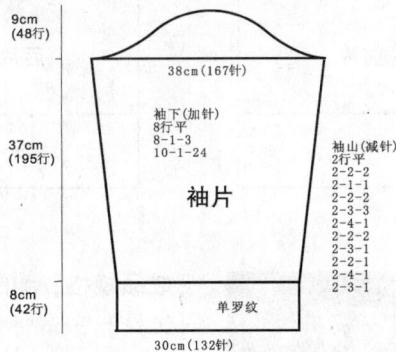

9cm
(48行)

38cm(167针)

袖下(加针)
8行平
8-1-3
10-1-24

37cm
(195行)

袖片

袖山(减针)
2行平
2-2-2
2-1-1
2-2-2
2-3-3
2-4-1
2-2-2
2-3-1
2-2-1
2-4-1
2-3-1

8cm
(42行)

单罗纹

30cm(132针)

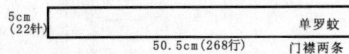

5cm
(22针)

单罗纹

50.5cm(268行)

门襟两条

15cm
(80行)

口袋

13cm(57针)

美丽动人装

【成品规格】胸围 98cm　衣长 80cm　袖长 65cm

【工具】13 号棒针

【材料】紫色毛线

【附件】纽扣

【密度】10cm²：40 针×50 行

【制作过程】起单罗纹编织底边 6cm，前片分左右部分编织，缝合前后片，编织领边缝合，编织袖片与正身缝合。

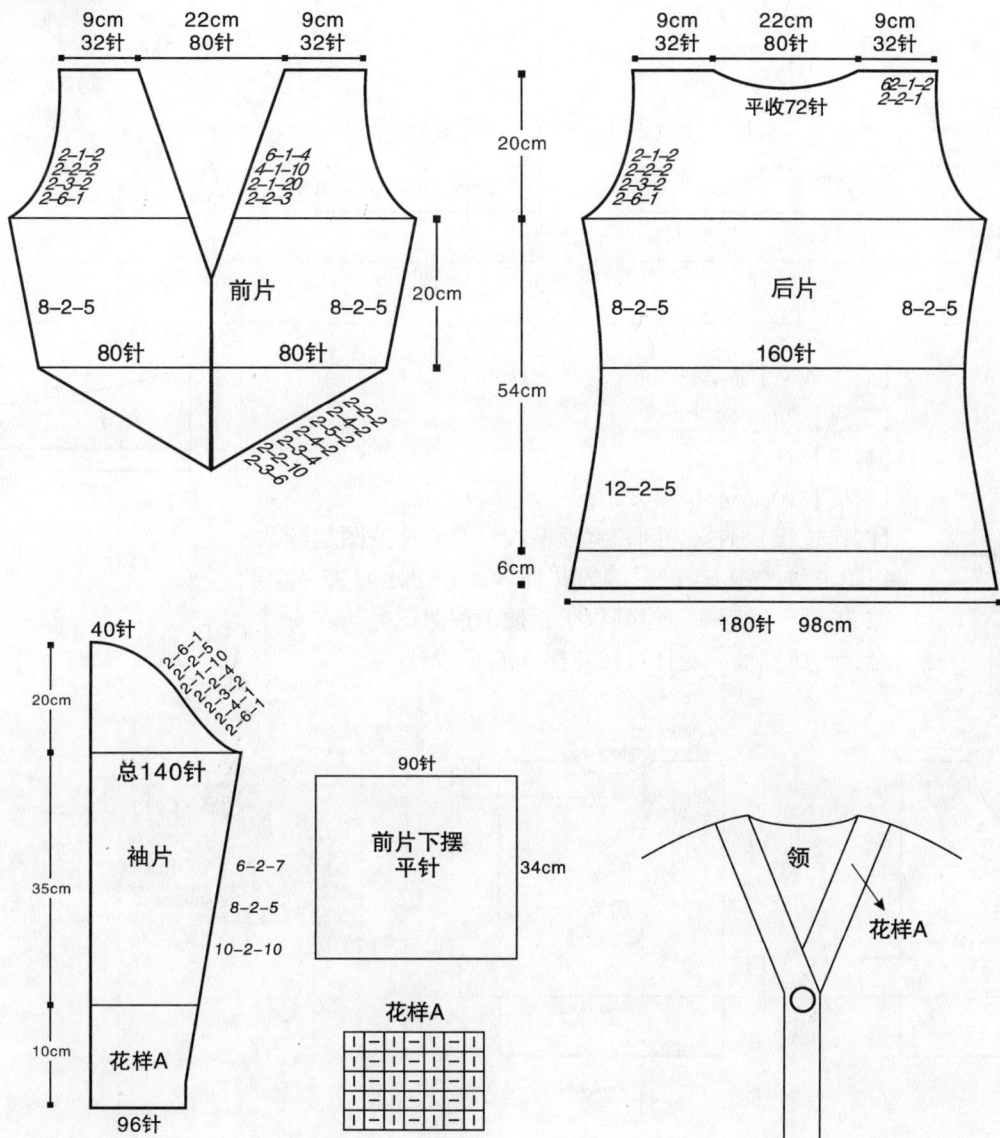

前片

9cm 32针　22cm 80针　9cm 32针

2-1-2
4-1-10
2-1-20
2-2-3

6-1-4
4-1-10
2-1-20
2-2-3

8-2-5　前片　8-2-5

20cm

80针　80针

2-2-2
4-2-4
2-3-2
4-2-4
2-3-10
2-3-6

后片

9cm 32针　22cm 80针　9cm 32针

平收72针

62-1-2
2-2-1

2-1-2
4-1-10
2-1-20
2-3-2
2-6-1

20cm

8-2-5　后片　8-2-5

54cm

160针

12-2-5

6cm

180针　98cm

袖片

40针

2-6-1
2-5-1
2-1-10
2-2-4
2-1-4
2-2-4
2-1-4
2-6-1

20cm

总140针

袖片

6-2-7
8-2-5
10-2-10

35cm

10cm

花样A

96针

前片下摆
平针

90针

34cm

花样A

领

花样A

黄色蝙蝠衫一族

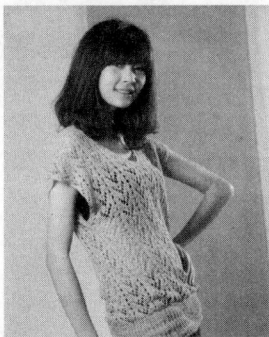

【成品规格】胸围 94cm　衣长 60cm

【工具】2mm 棒针

【材料】真丝

【密度】10cm²：44 针×53 行

【制作过程】本款为 V 领无袖毛衣，前后片按图起针数织单罗纹，织 53 行后编入花样 A，一直织到开领子，袖子不用减针，织完后前后片缝合。花样可按花样 A 自由设计。

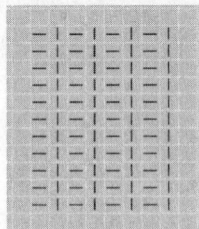

单罗纹

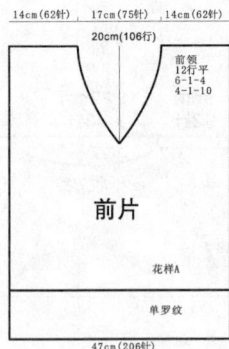

14cm(62针)　17cm(75针)　14cm(62针)

20cm(106行)

前领
12行平
6-1-4
4-1-10

前片

花样A

单罗纹

47cm(206针)

14cm(62针)　17cm(75针)　14cm(62针)

1.5cm(8行)

后领(减针)
2行平
2-3-1
2-5-1

50cm
(265行)

后片

花样A

10cm
(53行)

单罗纹

47cm(206针)

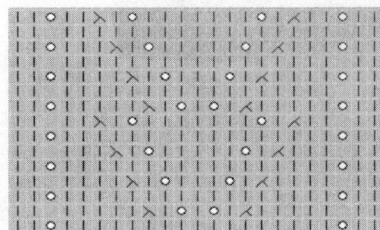

花样A

【成品规格】胸围 94cm　衣长 60cm

【工具】2mm 棒针

【材料】真丝

【密度】10cm²：44 针×53 行

【制作过程】本款为圆领宽袖毛衣，前后片按图起针数织单罗纹，织 64 行后编入花样 A，下摆处加 35 针再减 35 针，然后一直织到领子，袖子按图织完与衣身缝合，形成宽袖。花样可按花样 A 自由设计。

12cm
(64行)

袖子　花样A

8cm
(42行)

3cm
(16行)

单罗纹

40cm(176针)

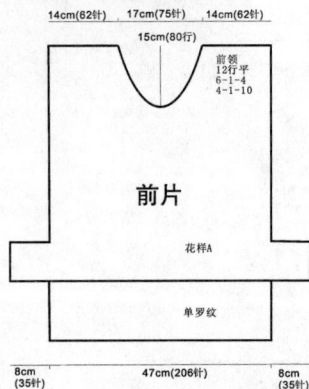

14cm(82针)　17cm(75针)　14cm(62针)

15cm(80针)

前领
12行平
6-1-4
4-1-10

前片

花样A

单罗纹

8cm
(35针)

47cm(206针)

8cm
(35针)

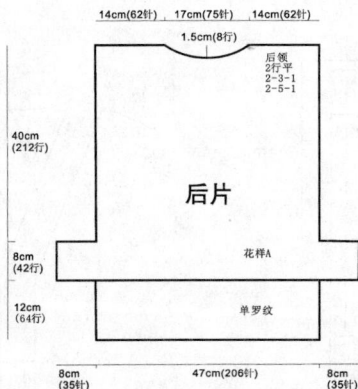

14cm(62针)　17cm(75针)　14cm(62针)

1.5cm(8行)

后领
2行平
2-3-1
2-5-1

40cm
(212行)

后片

花样A

8cm
(42行)

单罗纹

12cm
(64行)

8cm
(35针)

47cm(206针)

8cm
(35针)

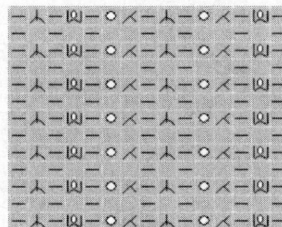

花样A

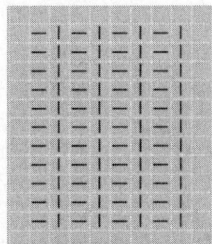

单罗纹

黄色蝙蝠衫一族

【成品规格】胸围 96cm　衣长 56cm　袖长 30cm

【工具】3.9mm 棒针

【材料】真丝

【密度】10cm²：24 针×28 行

【制作过程】起单罗纹，正身织花样 B，袖子织花样 B，织好缝合，钩锁边。

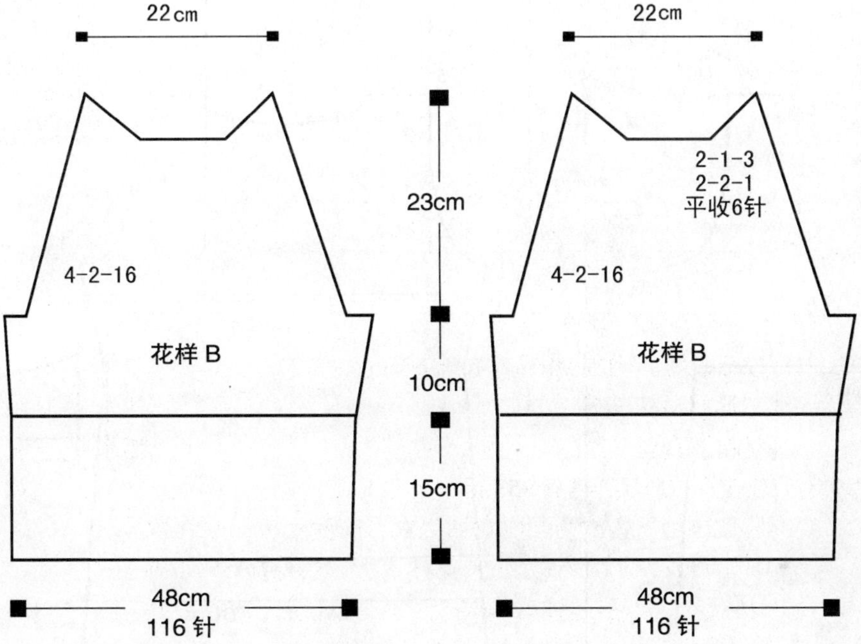

22 cm

22 cm

23cm

2-1-3
2-2-1
平收6针

4-2-16

4-2-16

花样 B

花样 B

10cm

15cm

48cm
116 针

48cm
116 针

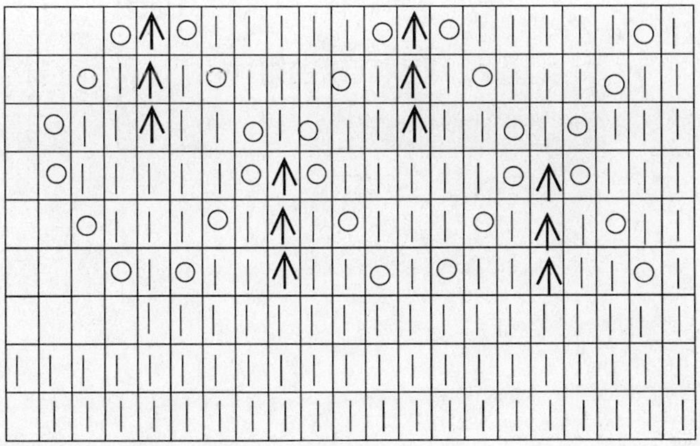

花样 B

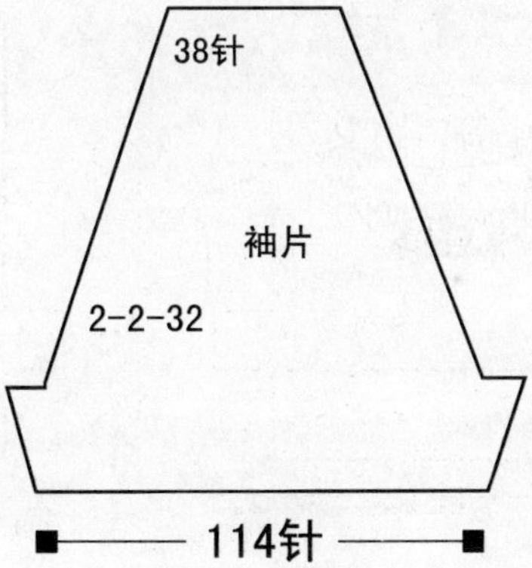

38针

袖片

2-2-32

114针

黑色玫瑰靓装

【成品规格】胸围 90cm　衣长 58cm　袖长 60cm

【工具】13 号棒针

【材料】黑色细毛线

【密度】10cm²：31 针×50 行

【制作过程】起罗纹针编织花样 A，缝合前后片、袖片，与上半身缝合。

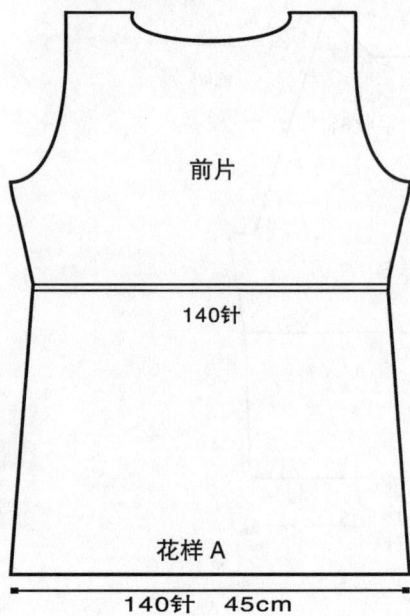

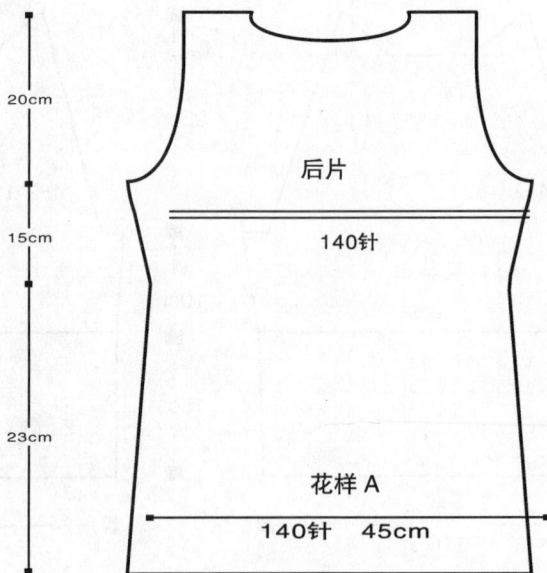

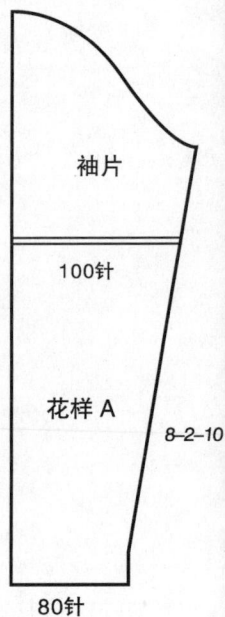

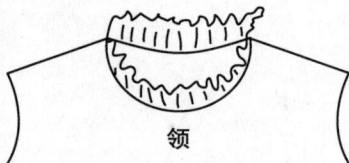

前片

后片

袖片

20cm

15cm

23cm

140针

140针

100针

花样 A

花样 A

花样 A

8-2-10

140针　45cm

140针　45cm

80针

领

花样A

性感圆领装

【成品规格】胸围 90cm　衣长 60cm　袖长 60cm

【工具】13 号棒针

【材料】两色三股毛线

【密度】10cm²：30 针×50 行

【制作过程】整体衣服均用平针，前片分左右编织，前后缝合，前襟织双面平针缝合，袖片与正身缝合。

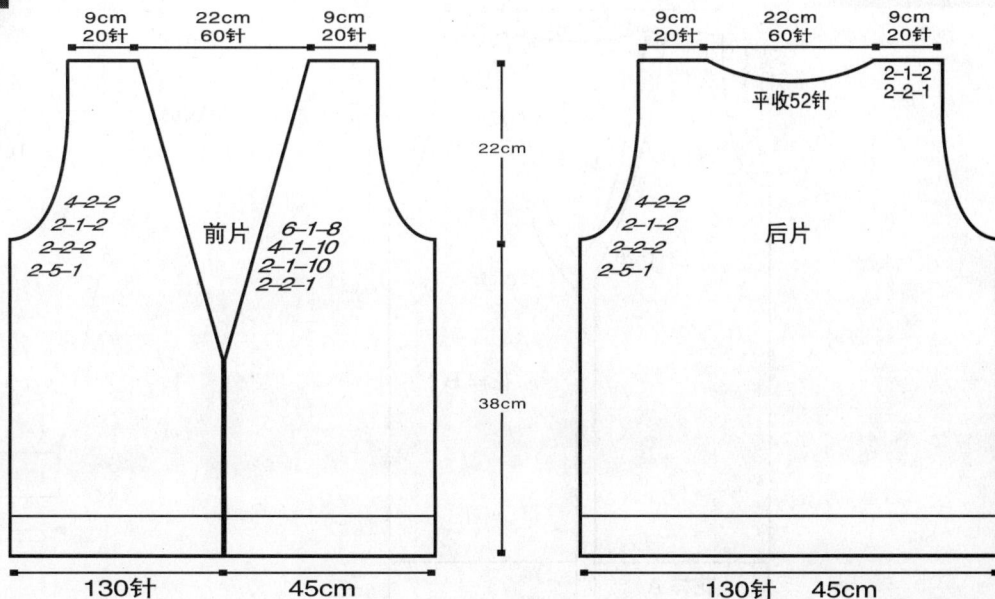

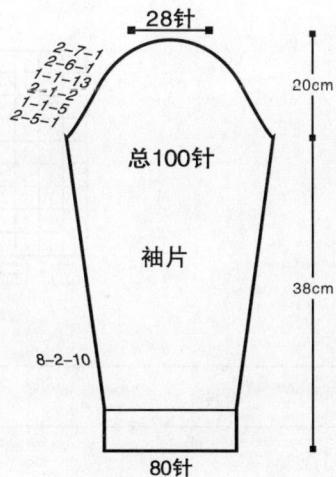

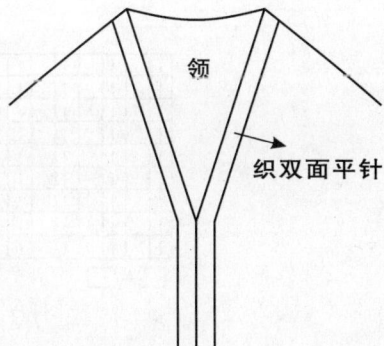

前片

9cm 20针　22cm 60针　9cm 20针

4-2-2
2-1-2
2-2-2
2-5-1

6-1-8
4-1-10
2-1-10
2-2-1

22cm

38cm

130针　45cm

后片

9cm 20针　22cm 60针　9cm 20针

平收52针

2-1-2
2-2-1

4-2-2
2-1-2
2-2-2
2-5-1

130针　45cm

袖片

28针

2-7-1
2-6-1
1-1-13
2-1-2
1-1-5
2-5-1

总100针

80针

20cm

38cm

领

织双面平针

性感圆领装

【成品规格】胸围 96cm　衣长 50cm　袖长 53cm

【工具】1.7mm 棒针

【材料】细毛线

【密度】10cm²：44 针×53 行

【制作过程】起头织正身，花样 B 照衣样图织好缝合，挑底边织花样 A，另织一条门襟缝上。

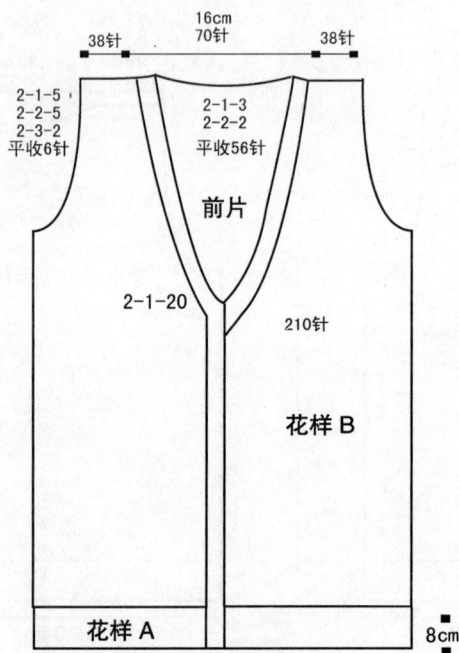

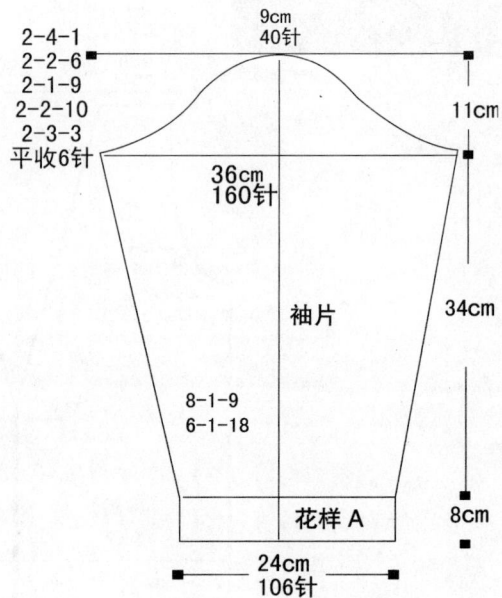

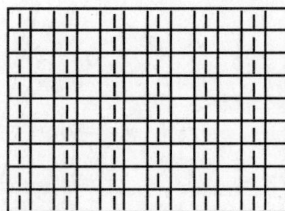

花样A

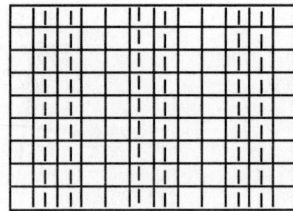

花样B

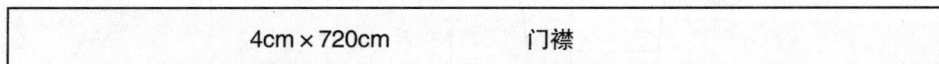

4cm×720cm　门襟

高贵气质装

【成品规格】胸围 100cm　衣长 70cm　袖长 60cm

【工具】1.7mm 棒针

【材料】细毛线

【密度】10cm²：44 针×53 行

【制作过程】起单罗纹边，依照样衣图织好前后衣片、袖子，缝合领口、袖口、钩边（①一圈短针；②钩圈牙子边）。

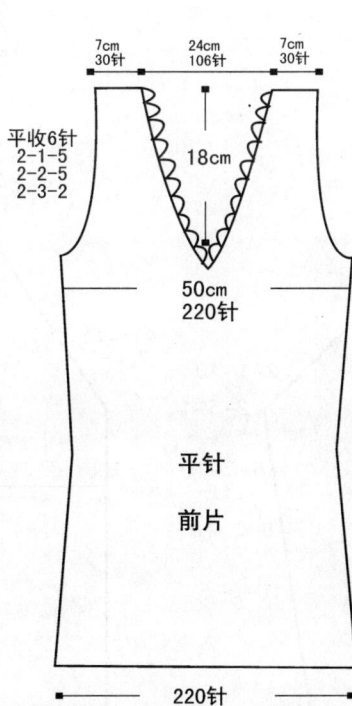

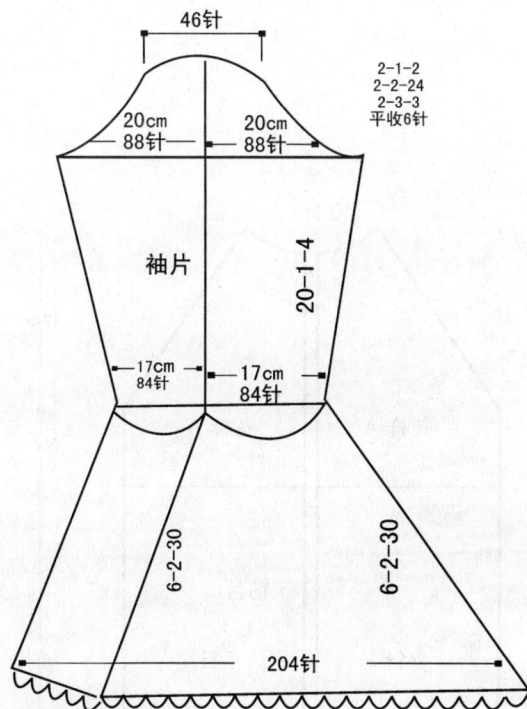

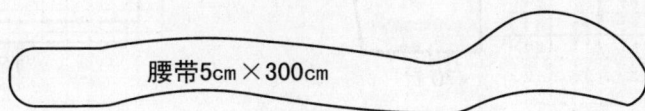

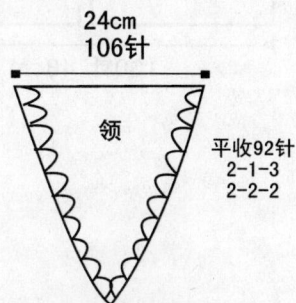

7cm
30针

24cm
106针

7cm
30针

平收6针
2-1-5
2-2-5
2-3-2

18cm

50cm
220针

平针

前片

220针

46针

2-1-2
2-2-24
2-3-3
平收6针

20cm
88针

20cm
88针

袖片

20-1-4

17cm
84针

17cm
84针

6-2-30

6-2-30

204针

腰带5cm×300cm

24cm
106针

领

平收92针
2-1-3
2-2-2

①一圈短针②钩圈牙子边

黑色系列女装

【成品规格】胸围 96cm　衣长 70cm　袖长 65cm
【工具】12 号棒针
【材料】黑色羊毛线
【密度】10cm²：27 针×50 行
【制作过程】以平针起头编织前左右片、后片，织至 25cm 改织花样 A，织好袖与正身缝合，挑领和门襟编织。

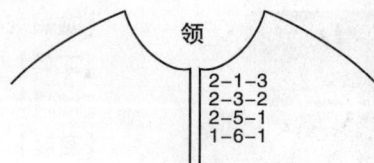

领

2-1-3
2-3-2
2-5-1
1-6-1

花样 A

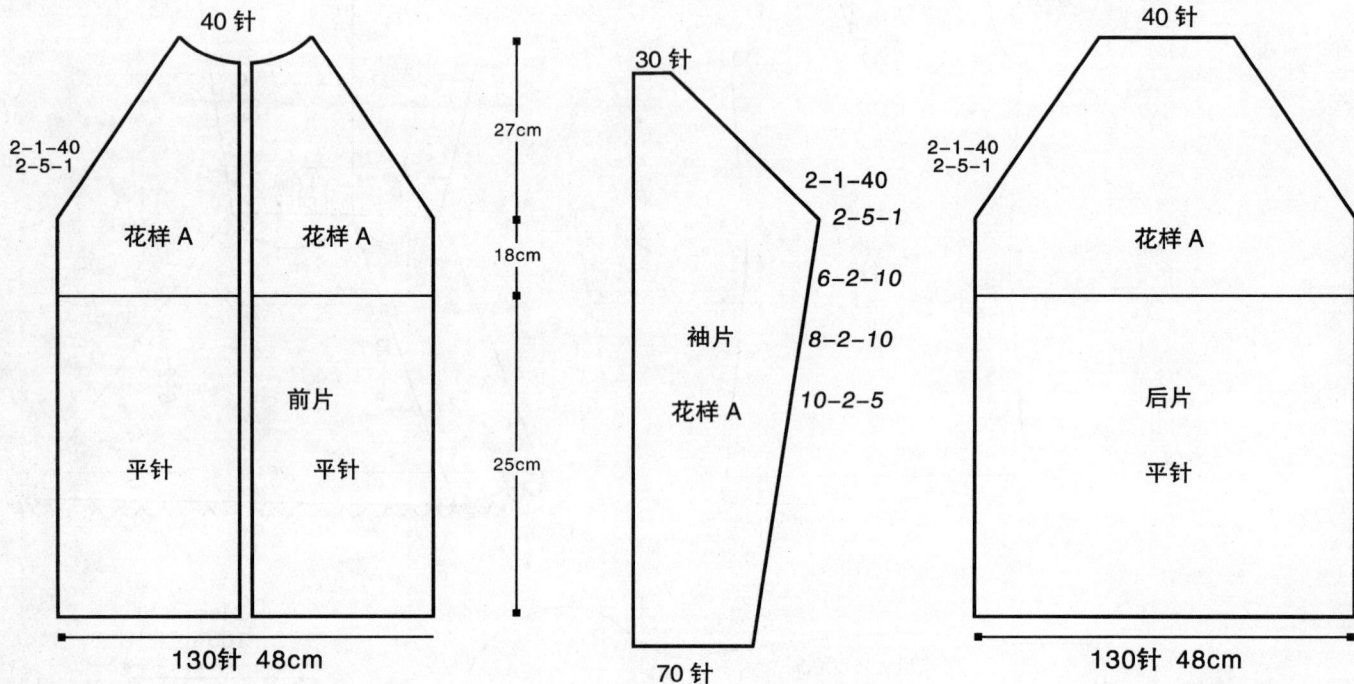

40 针

2-1-40
2-5-1

花样 A　花样 A

前片

平针　平针

130针　48cm

27cm

18cm

25cm

30 针

2-1-40
2-5-1
6-2-10
8-2-10
10-2-5

袖片
花样 A

70 针

40 针

2-1-40
2-5-1

花样 A

后片
平针

130针　48cm

黑色系列女装

【成品规格】胸围 96cm　衣长 70cm　袖长 65cm
【工具】14 号棒针
【材料】黑色细毛线
【密度】10cm²：27 针×55 行
【制作过程】用白色起边编织底边 1.5cm，改用黑色编织，然后依照样衣编织配色，前片上部分分左右编织，前后片缝合，挑领编织，另一袖片按样衣配色，袖片与正身缝合。

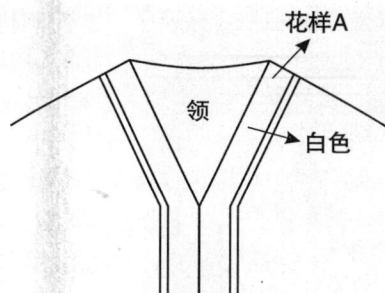

花样A
领
白色

花样A

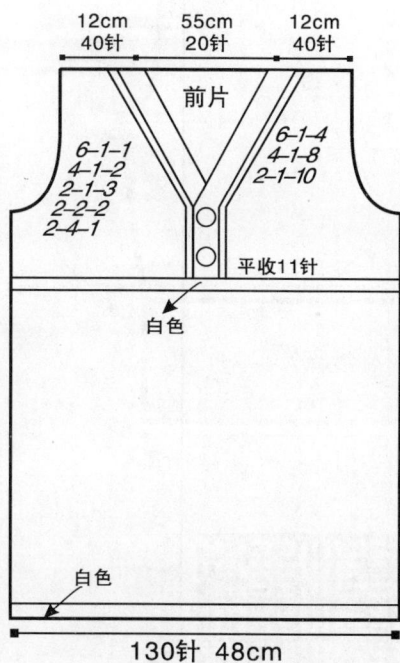

| 12cm 40针 | 55cm 20针 | 12cm 40针 |

前片

6-1-1
4-1-2
2-1-3
2-2-2
2-4-1

6-1-4
4-1-8
2-1-10

平收11针
白色

白色

130针 48cm

20cm
37cm

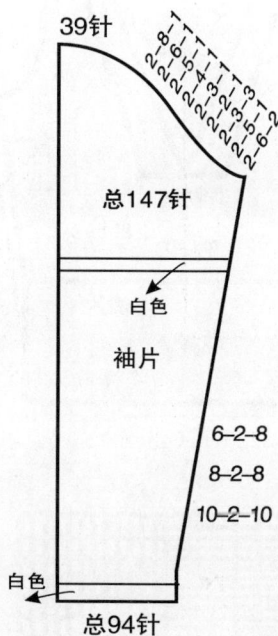

39针
8-2-1 6-2-1 4-2-1 1-2-3 1-2-2 4-2-3 6-2-6

总147针
白色

袖片

6-2-8
8-2-8
10-2-10

白色
总94针

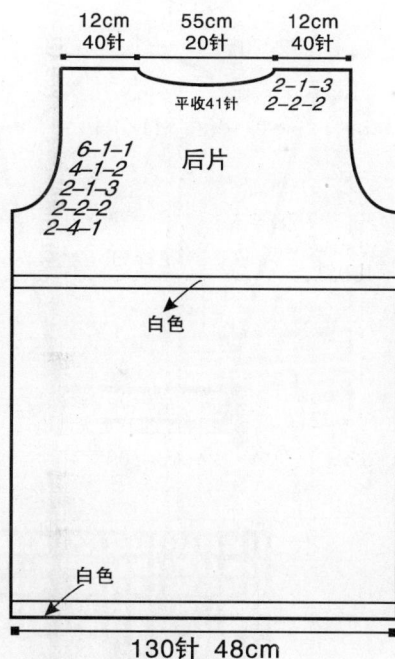

| 12cm 40针 | 55cm 20针 | 12cm 40针 |

平收41针

后片

6-1-1
4-1-2
2-1-3
2-2-2
2-4-1

2-1-3
2-2-2

白色

白色

130针 48cm

新版棒针靓丽衫

149

气质淑女靓装

【成品规格】胸围 96cm　衣长 56cm　袖长 53cm

【工具】1.7mm 棒针

【材料】细羊毛线

【密度】10cm²：44 针×53 行

【制作过程】起单罗纹 20cm，织花样 B，另编织两袖片与正身缝合，再织条双罗纹（花样 C）缝合在领口处。

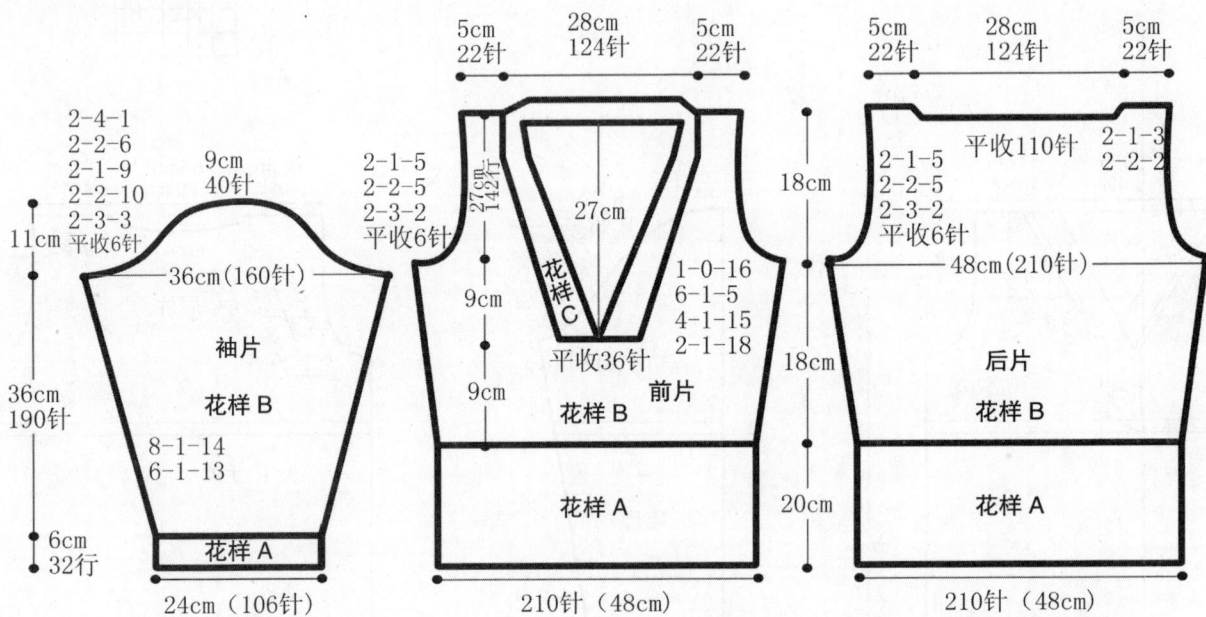

袖片
花样 B

2-4-1
2-2-6
2-1-9
2-2-10
2-3-3
平收6针
11cm

9cm
40针

36cm（160针）

36cm
190针

8-1-14
6-1-13

6cm
32行

花样A

24cm（106针）

5cm
22针
28cm
124针
5cm
22针

2-1-5
2-2-5
2-3-2
平收6针

27cm
142行

9cm

9cm

花样C

27cm

1-0-16
6-1-5
4-1-15
2-1-18

平收36针

前片
花样 B

花样 A

210针（48cm）

5cm
22针
28cm
124针
5cm
22针

平收110针

2-1-5
2-2-5
2-3-2
平收6针

2-1-3
2-2-2

18cm

48cm（210针）

18cm

后片
花样 B

20cm

花样 A

210针（48cm）

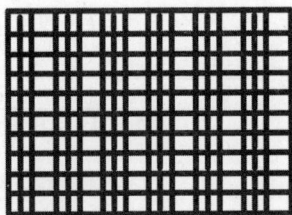

花样 A 单罗纹

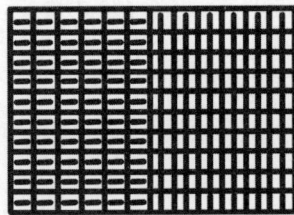

花样 B

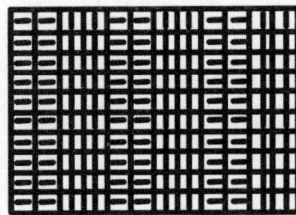

花样 C 双罗纹

气质淑女靓装

【成品规格】胸围 90cm　衣长 60cm　袖长 60cm

【工具】14 号棒针

【材料】黑毛线

【密度】10cm²：40 针×55 行

【制作过程】起罗纹针编织底边，前片分左右片编织，缝合前后片，挑领边编织，缝上褶边，袖片与正身缝合。

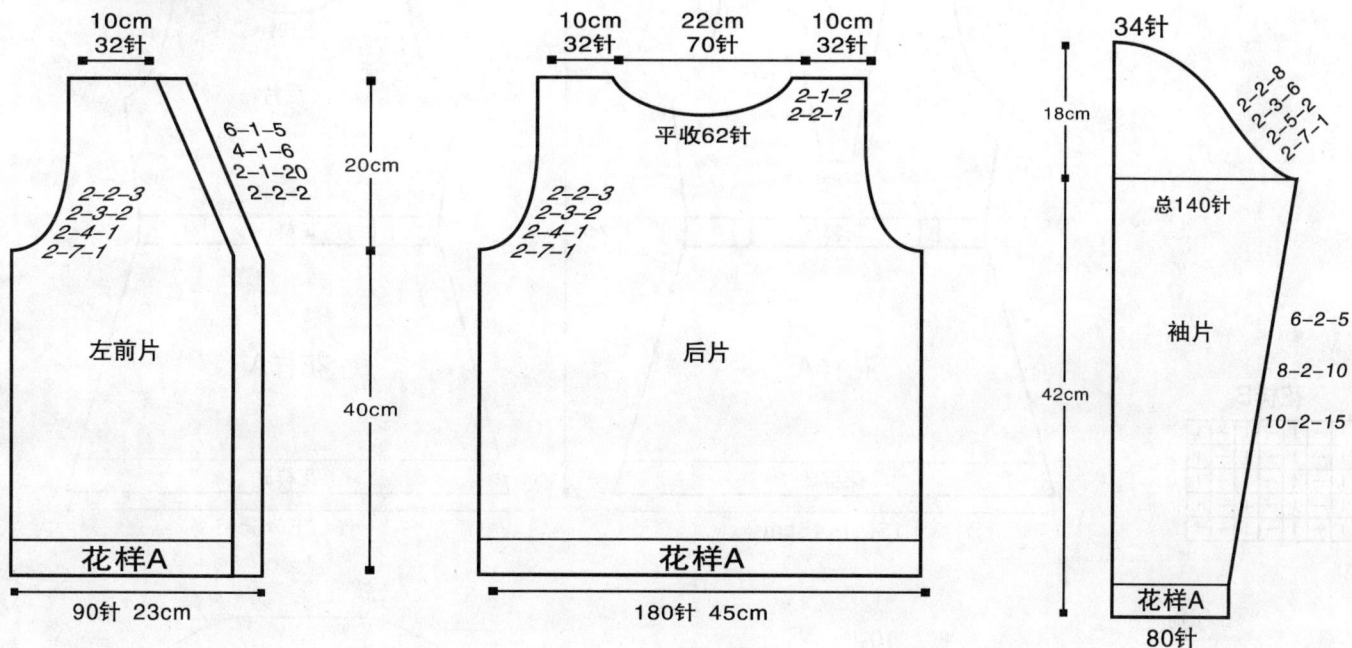

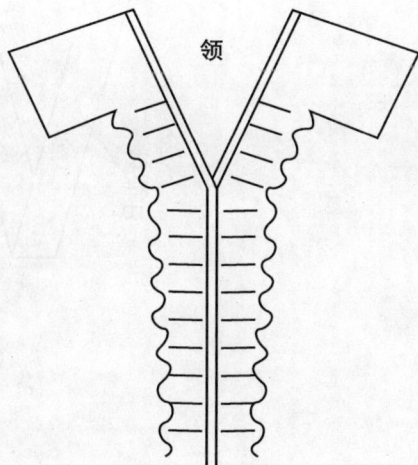

10cm
32针

6-1-5
4-1-6
2-1-20
2-2-2

2-2-3
2-3-2
2-4-1
2-7-1

20cm

40cm

左前片

花样A

90针 23cm

10cm　22cm　10cm
32针　70针　32针

2-1-2
2-2-1

平收62针

2-2-3
2-3-2
2-4-1
2-7-1

后片

花样A

180针 45cm

34针

18cm

2-2-8
2-3-6
2-5-2
2-7-1

总140针

袖片

42cm

6-2-5

8-2-10

10-2-15

花样A

80针

领

花样A

成熟气质精装

【成品规格】胸围 90cm　衣长 65cm　袖长 60cm

【工具】13 号棒针

【材料】三股细毛线

【密度】10cm²：33 针×56 行

【制作过程】起头编织花样 A，腰部编织花样 B，前后片缝合，挑领口编织。编织一三角形内衬缝在领口，编织袖片与正身缝合。

花样B

前片

| 10cm | 20cm | 10cm |
| 30针 | 60针 | 30针 |

6-1-1
4-1-1
2-1-2
2-2-3
2-5-1

6-1-10
4-1-10
2-1-10

平8针

花样B

花样A

花样B

150针 45cm

后片

| 10cm | 20cm | 10cm |
| 30针 | 60针 | 30针 |

2-1-2
2-2-1

平52针

6-1-1
4-1-1
2-1-2
2-2-3
2-5-1

花样B

花样A

花样B

150针 45cm

20cm
12cm
7cm
22cm
4cm

3cm
7cm

花样A

40针

8-2-1
6-1-1
6-1-1
6-2-1
4-4-1
4-3-1
2-2-1
2-3-1
2-3-5

18cm

总120针
袖片

35cm

8-2-10

10-2-10

7cm

花样B

总80针

领

花样B

腰带

花样B

6cm

成熟气质精装

【成品规格】胸围 92cm　衣长 55cm　袖长 60cm
【工具】11 号棒针
【材料】黑色混纺毛线
【附件】电光片
【密度】10cm²：23 针×40 行
【制作过程】起罗纹编织花样 A，前身分左右片编织，缝合肩部、腋下，挑领口编织，编织袖片与正身缝合，按照样衣缝上电光片。

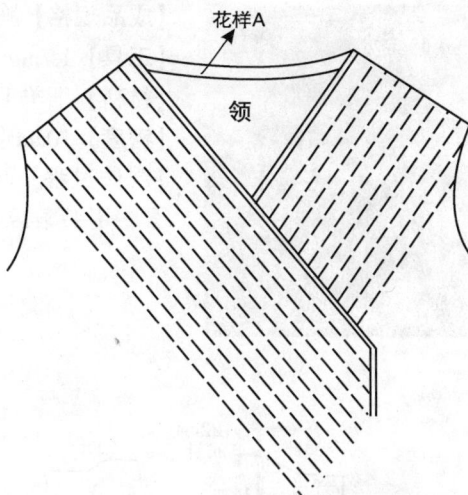

花样A

领

花样A

花样A

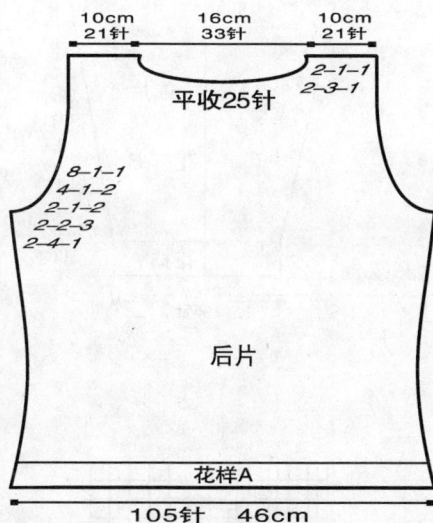

10cm 21针　16cm 33针　10cm 21针

平收25针

2-1-1
2-3-1

8-1-1
4-1-2
2-1-2
2-2-3
2-4-1

21cm

34cm

后片

花样A

105针　46cm

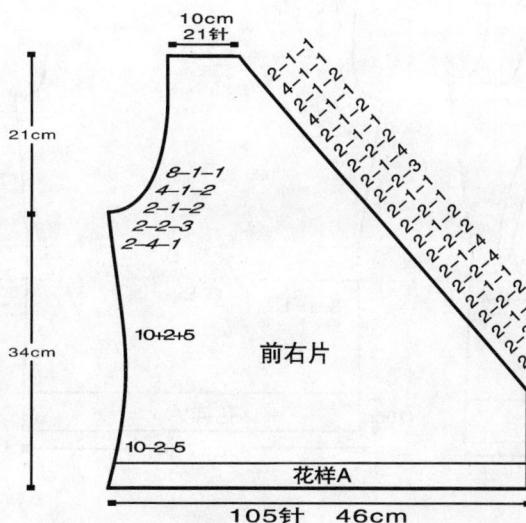

10cm 21针

2-1-1
4-1-1
4-1-1
2-1-1
2-1-1
2-2-1
2-2-1
2-2-1-4
2-1-1
2-1-1
2-1-1
2-1-1-4
2-1-1
2-1-4
2-1-1
2-1-1
2-1-3
2-2-1-4
2-2-1-3
2-2-3

8-1-1
4-1-2
2-1-2
2-2-3
2-4-1

10+2+5

前右片

10-2-5

花样A

105针　46cm

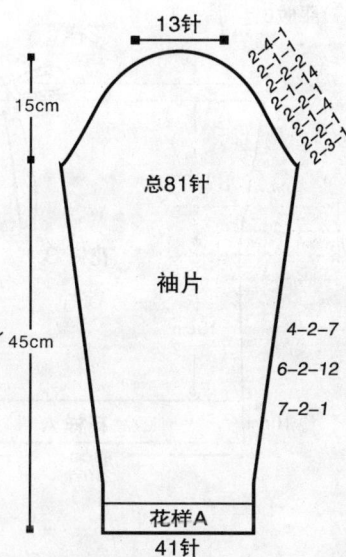

13针

2-4-1
2-2-1
2-2-1
2-2-1
2-2-14
2-1-1
2-1-1
2-1-1
2-3-1

15cm

总81针

袖片

45cm

4-2-7

6-2-12

7-2-1

花样A

41针

潮流女郎

【成品规格】胸围 96cm　衣长 56cm　袖长 53cm

【工具】1.7mm 棒针

【材料】细羊毛线　丝带

【密度】$10cm^2$：44 针×53 行

【制作过程】起单罗纹，织花样 A，正身织花样 B ，前身上部织花样 C，依衣样图织好缝合，用一条带打成蝴蝶结别好。

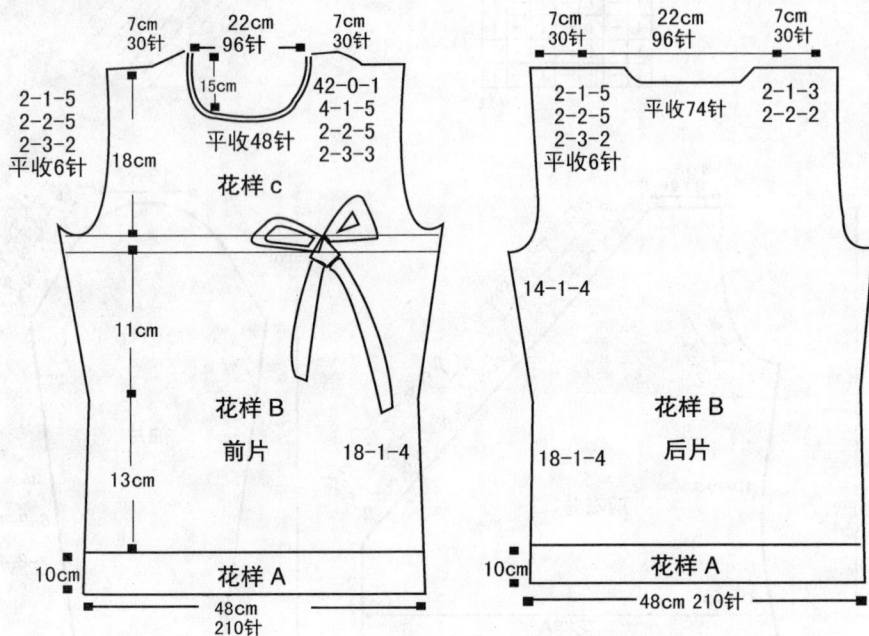

前片图示：
7cm 30针　22cm 96针　7cm 30针
15cm
2-1-5 2-2-5 2-3-2 平收6针
18cm
平收48针
花样 c
42-0-1 4-1-5 2-2-5 2-3-3
11cm
花样 B
前片
13cm
18-1-4
10cm
花样 A
48cm 210针

后片图示：
7cm 30针　22cm 96针　7cm 30针
2-1-5 2-2-5 2-3-2 平收6针
平收74针
2-1-3 2-2-2
14-1-4
花样 B
后片
18-1-4
10cm
花样 A
48cm 210针

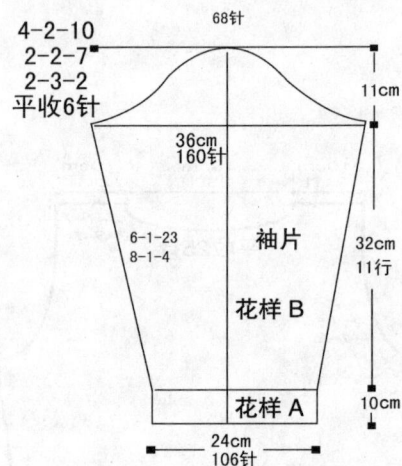

袖片图示：
4-2-10 2-2-7 2-3-2 平收6针
68针
11cm
36cm 160针
6-1-23 8-1-4
袖片
花样 B
32cm 11行
花样 A
10cm
24cm 106针

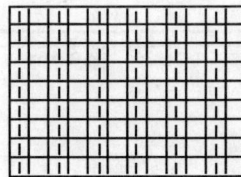

□=⊟

花样 A

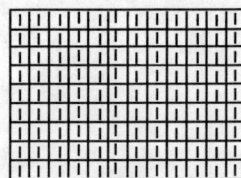

花样 B

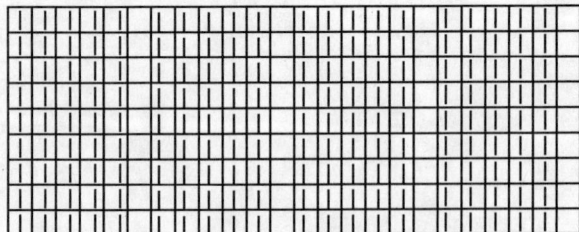

□=⊟

花样 C

潮流女郎

【成品规格】胸围 88cm　衣长 37cm　袖长 60cm

【工具】14 号棒针

【材料】黑色三股细绒线

【密度】10cm²：32 针×55 行

【制作过程】此款高腰毛衣，罗纹编织下腰花样 A，上部平针编织，缝合身子，挑领口编织，袖片完成与正身缝合。

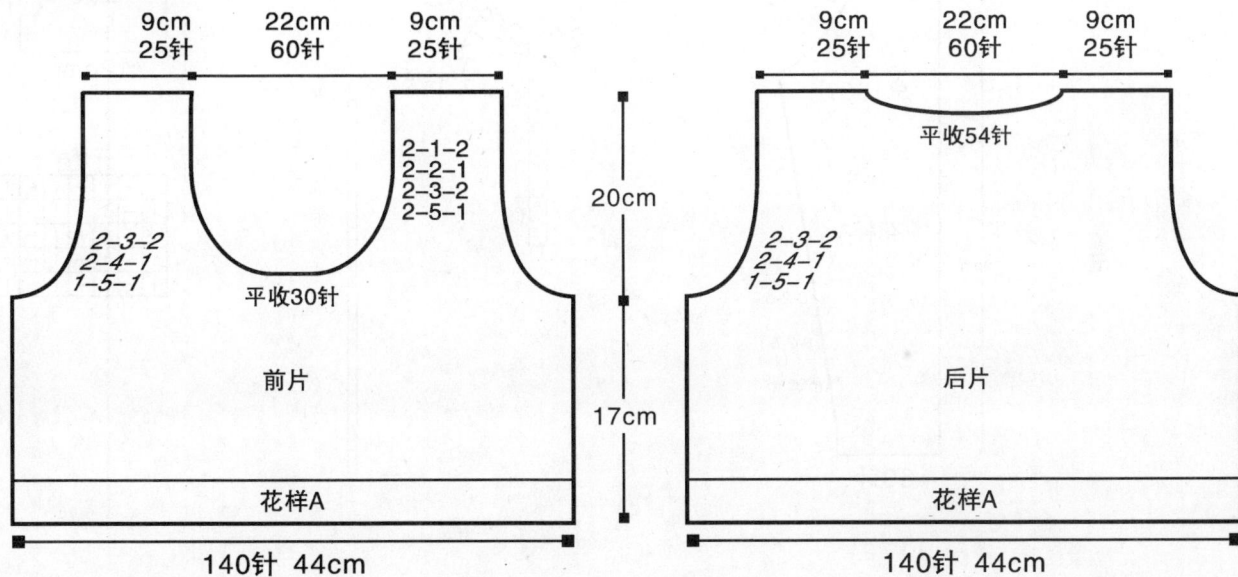

前片：

9cm / 25针　　22cm / 60针　　9cm / 25针

2-1-2
2-2-1
2-3-2
2-5-1

2-3-2
2-4-1
1-5-1

平收30针

前片

20cm

17cm

花样A

140针 44cm

后片：

9cm / 25针　　22cm / 60针　　9cm / 25针

平收54针

2-3-2
2-4-1
1-5-1

后片

花样A

140针 44cm

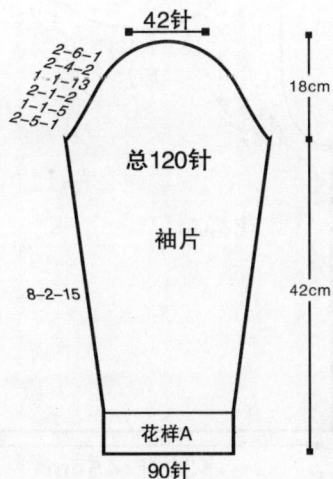

42针

2-6-1
2-4-2
1-1-13
2-3-1
1-1-5
2-5-1

18cm

总120针

袖片

8-2-15

42cm

花样A

90针

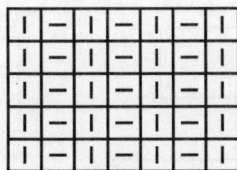

花样 A

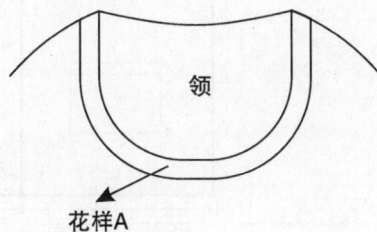

领

花样A

棕红色精装

【成品规格】胸围 90cm　衣长 60cm　袖长 60cm

【工具】13 号棒针

【材料】三股细毛线　花边　丝带

【附件】纽扣 8 枚

【密度】10cm² : 29 针×55 行

【制作过程】起罗纹边编织，缝合前后片，挑门襟领口编织，在领口缝上花边，穿丝带编织，两口袋缝合前片下摆，袋口缝上花边，袖片按照样衣编织，与正身缝合。

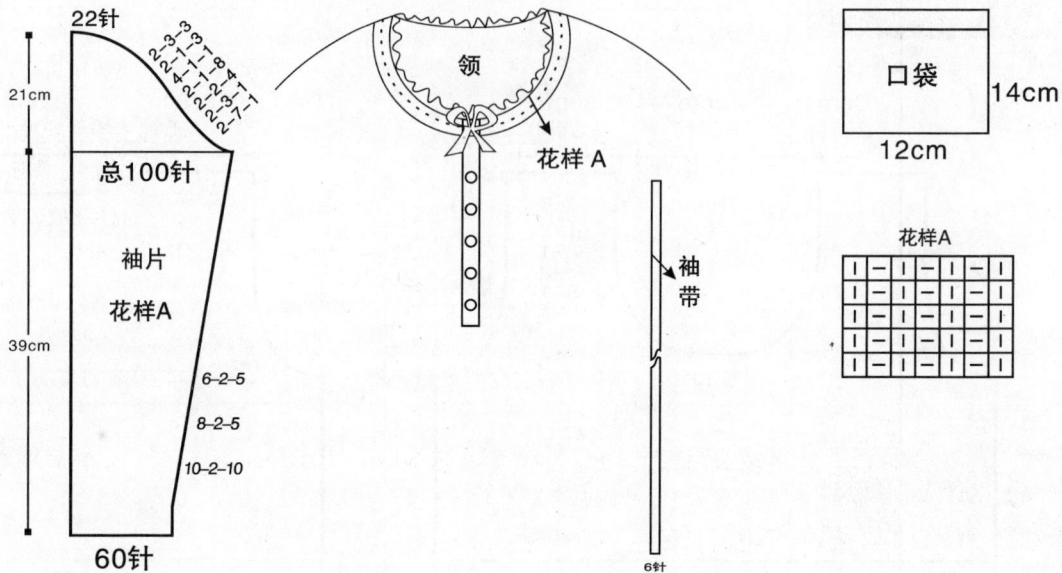

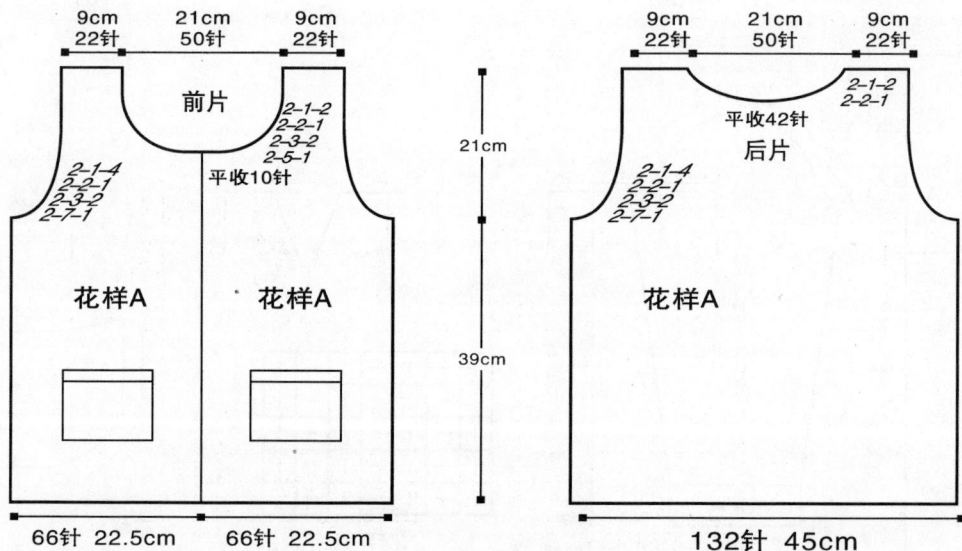

22针

3-3-3
2-3-1-1
2-1-1-8
2-4-1-4
2-1-1-8
2-1-1-1
2-2-2-1
2-2-2-1
2-3-1-1
2-7-1-1

21cm

总100针

袖片

花样A

39cm

6-2-5
8-2-5
10-2-10

60针

领

花样A

袖带

6针

口袋

14cm

12cm

花样A

I	—	I	—	I
—	I	—	I	—
I	—	I	—	I
—	I	—	I	—
I	—	I	—	I

9cm　21cm　9cm
22针　50针　22针

前片

2-1-2
2-2-1
2-3-2
2-5-1

平收10针

2-1-4
2-2-1
2-3-2
2-7-1

花样A　　花样A

66针 22.5cm　　66针 22.5cm

9cm　21cm　9cm
22针　50针　22针

2-1-2
2-2-1

平收42针

后片

21cm

2-1-4
2-2-1
2-3-2
2-7-1

39cm

花样A

132针 45cm

特色 V 领精装

【成品规格】 胸围 96cm 衣长 70cm 袖长 30cm

【工具】 13 号棒针

【材料】 中粗毛线

【密度】 10cm² ：50 针×45 行

【制作过程】 前后都以平针起编织 34cm，织花样 A6cm，接近腋下时
开始加针缝合前后片，挑领口编织花样 A。

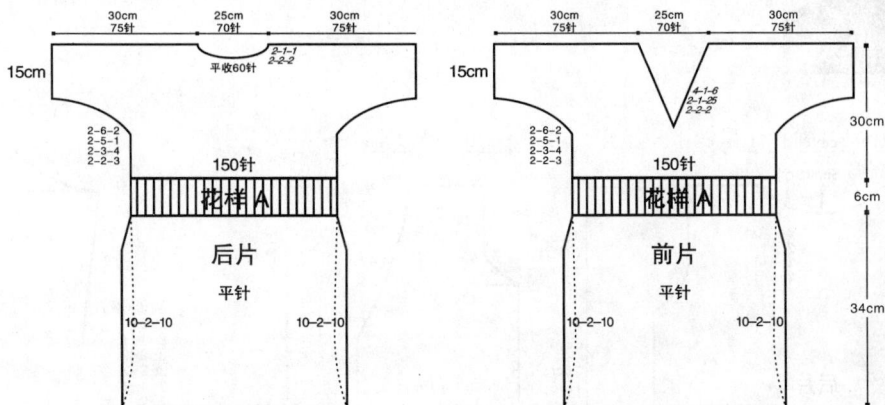

花样 A

领

花样 A

30cm
75针   25cm
70针   30cm
75针

15cm

平收60针   2-1-1
2-2-2

2-6-2
2-5-1
2-3-4
2-2-3

150针

花样A

后片

平针

10-2-10   10-2-10

30cm
75针   25cm
70针   30cm
75针

15cm

4-1-6
2-1-25
2-2-2

2-6-2
2-5-1
2-3-4
2-2-3

150针

花样A

前片

平针

10-2-10   10-2-10

30cm

6cm

34cm

【成品规格】 胸围 96cm 衣长 70cm 袖长 65cm

【工具】 13 号棒针

【材料】 黑色三股羊毛绒线

【附件】 珠珠

【密度】 10cm² ：31 针×40 行

【制作过程】 起罗纹边编织花样 A15cm 为底边，缝合前后片，前下摆处安两口袋，挑袖口
编织花样 A，编织帽子与正身领口缝合，挑帽边领口编织，编织 6 条 1cm 宽的细带缝在
前鸡心领处，缝上珠珠。

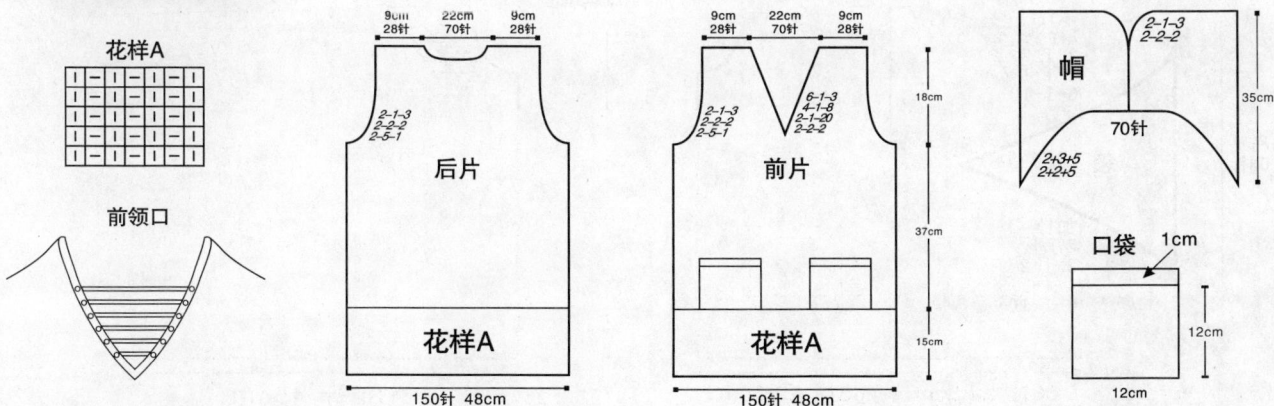

花样 A

前领口

9cm
28针   22cm
70针   9cm
28针

2-1-3
2-2-2
2-2-2
2-5-1

后片

花样A

150针 48cm

9cm
28针   22cm
70针   9cm
28针

2-1-3
2-2-2   6-1-3
4-1-8
2-1-20
2-2-2

前片

花样A

150针 48cm

18cm

37cm

15cm

帽

2-1-3
2-2-2

70针

2+3+5
2+2+5

35cm

口袋   1cm

12cm

12cm

立体长毛衫

【成品规格】胸围 94cm　衣长 70.5cm　袖长 54cm

【工具】2mm 棒针

【材料】纯羊毛线

【密度】10cm²：44 针×53 行

【制作过程】本款为长款泡泡袖毛衣，按图织好前后片，门襟为一个长矩形，织好后与前后片缝合，袖山打皱褶与衣身缝合，形成泡泡袖，下摆为一个燕尾形，另织后与前片缝合。

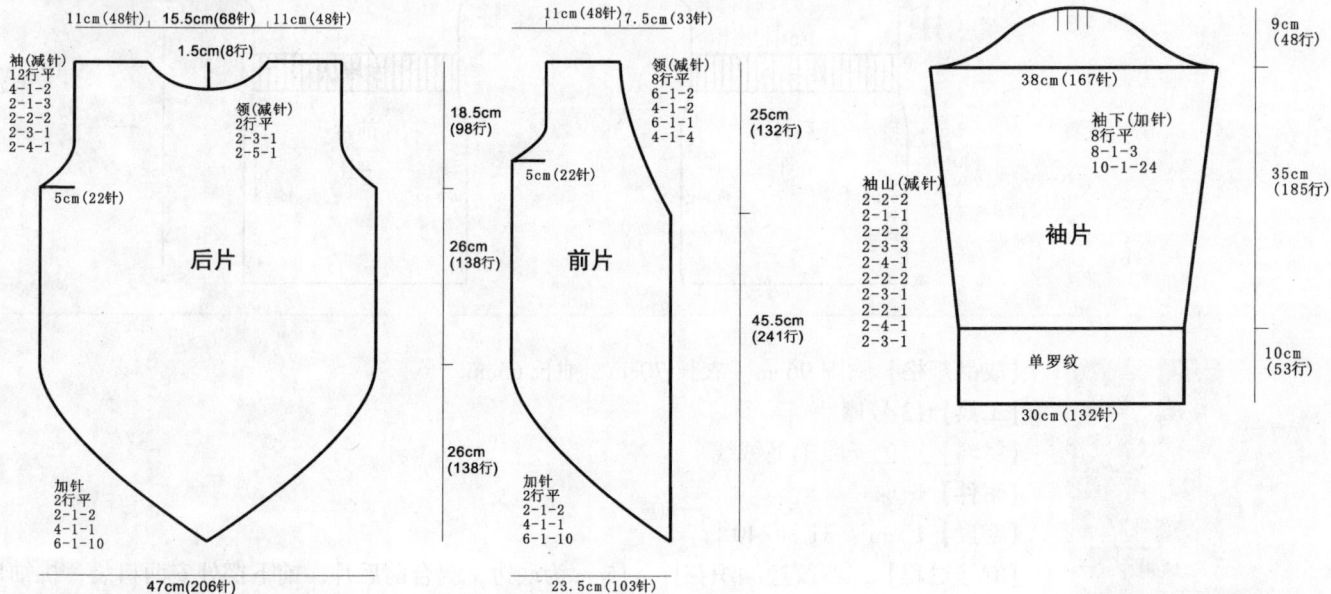

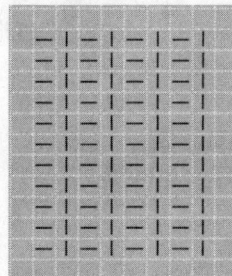

后片

11cm(48针)　15.5cm(68针)　11cm(48针)

1.5cm(8行)

袖(减针)
12行平
4-1-2
2-1-3
2-2-2
2-3-1
2-4-1

领(减针)
2行平
2-3-1
2-5-1

5cm(22针)

加针
2行平
2-1-2
4-1-1
6-1-10

47cm(206针)

前片

11cm(48针)　7.5cm(33针)

领(减针)
8行平
6-1-2
4-1-2
6-1-1
4-1-4

18.5cm
(98行)

25cm
(132行)

5cm(22针)

26cm
(138行)

26cm
(138行)

45.5cm
(241行)

加针
2行平
2-1-2
4-1-1
6-1-10

23.5cm(103针)

袖片

9cm
(48行)

38cm(167针)

袖下(加针)
8行平
8-1-3
10-1-24

35cm
(185行)

袖山(减针)
2-2-2
2-1-1
2-2-2
2-3-3
2-4-1
2-2-2
2-3-1
2-2-1
2-4-1
2-3-1

单罗纹

10cm
(53行)

30cm(132针)

领

23.5cm(103针)

减针
2行平
2-1-2
4-1-1
6-1-10

26cm
(103针)

加针
2行平
2-1-2
4-1-1
6-1-10

门襟

8cm
(35针)

单罗纹

160cm(848行)

单罗纹

经典时装

【成品规格】 胸围 96cm　衣长 56cm　袖长 30cm

【工具】 1.7mm 棒针

【材料】 细羊毛线

【密度】 10cm²：44 针×53 行

【制作过程】 分两片，横织，照衣样图在袖子肩处织花样 D 后前后缝合，挑底边和袖头织花样 A。

花样A　花样B　花样C　花样D

□=□　□=□　□=□　□=□

花样A

2-2-2
2-1-1
2-1-3

2-12-2
2-3-A抽罗纹放

2-1-3
2-2-2

12cm　24cm　12cm　30cm

4cm×74cm

2-6-3
2-4-23

2-4-23
2-6-3

25cm

48cm

50cm

20cm

210针

花样A

花样A

A单罗纹
B平针

20cm

前片

10cm 30针　20cm 60针　10cm 30针

2-1-2
2-2-3
2-1-3
2-3-2
2-4-2
2-5-3
2-6-1

2-1-3
2-2-3
2-3-2
2-5-1

平收20针

花样A

142针 49cm

20cm

48cm

12cm

后片

10cm 30针　20cm 60针　10cm 30针

2-1-2
2-2-1

平收52针

2-1-2
2-2-3
2-3-2
2-4-1
2-6-1

花样A

142针 49cm

领　17cm

花样A

花样A

□=1　□=1

【成品规格】 胸围 98cm　衣长 80cm　袖长 65cm

【工具】 13 号棒针

【材料】 纯羊毛线

【密度】 10cm²：29 针×52 行

【制作过程】 起单罗纹编织底边，按样衣编织，缝合前后片，挑领口编织花样 A，编织袖片与正身缝合，配上腰带。

30针

2-7-1
2-2-4
2-2-4
2-1-7
2-2-3
2-3-2
2-3-6-1

总124针

袖片

20cm

33cm

5-2-2
6-2-10
8-2-5
10-2-5

12cm

花样A

80针

6cm

腰带

花样A

清新条纹蝙蝠衫

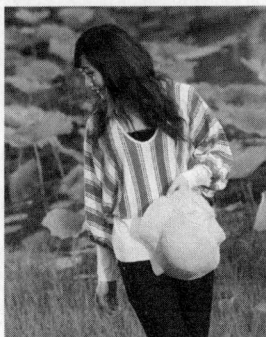

【成品规格】胸围 96cm　衣长 70cm　袖长 50cm

【工具】1.7mm 棒针

【材料】细羊毛线

【密度】10cm²：44 针×53 行

【制作过程】双色线横织起头平针，有规律地换线分前后片照图织完缝合，挑衣服底边，袖头织花样 A，织领双合 2cm，缝上。

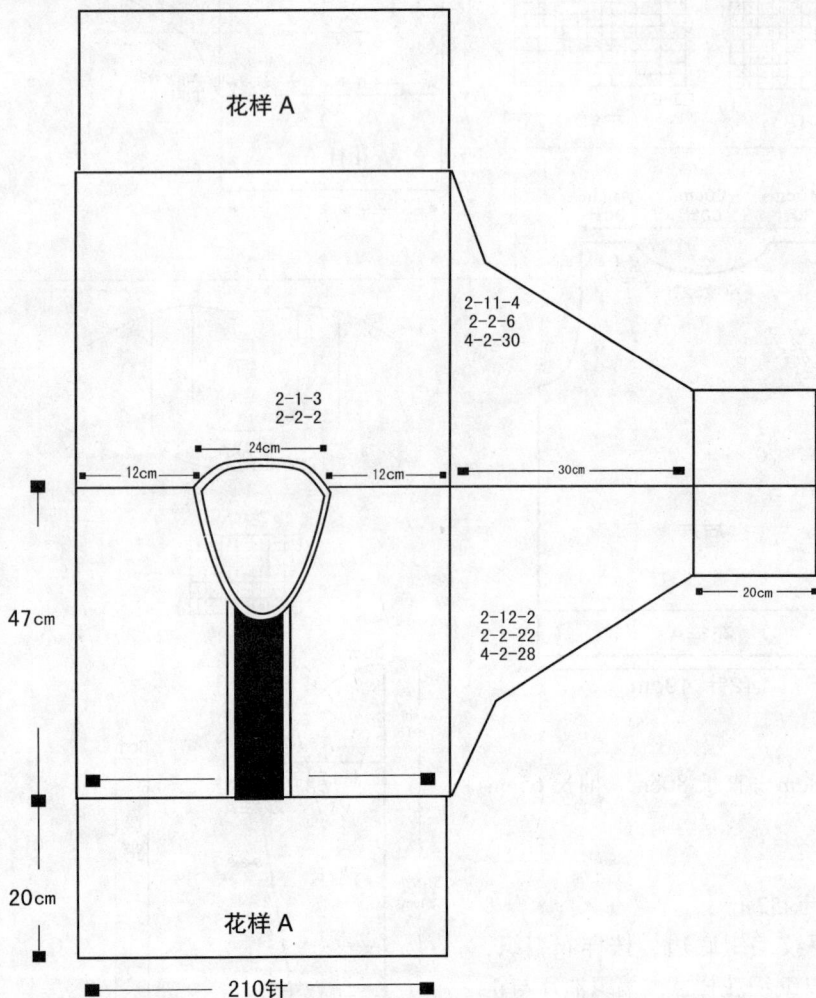

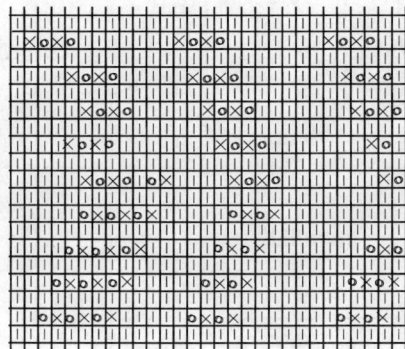

花样 A

2-11-4
2-2-6
4-2-30

2-1-3
2-2-2

24cm

12cm　　　12cm　　　30cm

47cm

2-12-2
2-2-22
4-2-28

20cm

20cm

花样 A

210针

花样 A

黑色诱惑装

【成品规格】胸围 98cm　衣长 60cm　袖长 60cm

【工具】12 号棒针

【材料】黑色绒线

【附件】珠珠

【密度】10cm²：27 针×52 行

【制作过程】衣边编织花样 A，前后身完成缝合，挑领口编织，衣后身按照样衣图案缝上珠珠，袖片完成与正身缝合。

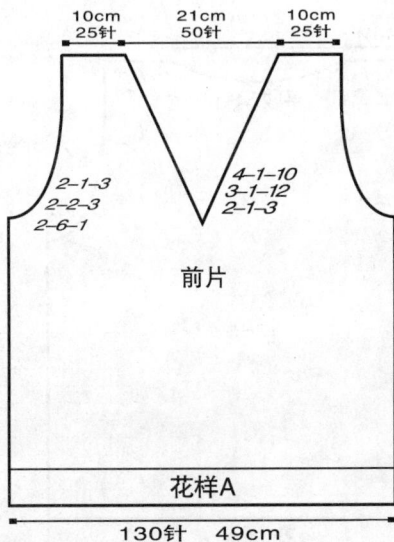

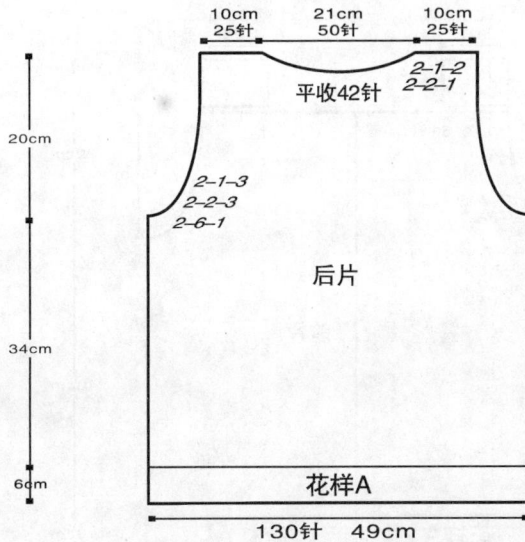

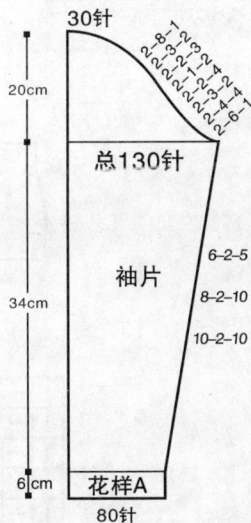

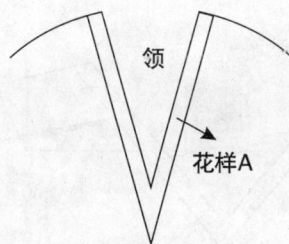

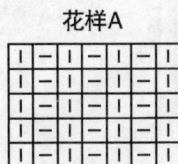

前片

10cm 25针　21cm 50针　10cm 25针

2-1-3
2-2-3
2-6-1

4-1-10
3-1-12
2-1-3

花样A

130针　49cm

20cm
34cm
6cm

后片

10cm 25针　21cm 50针　10cm 25针

平收42针

2-1-2
2-2-1

2-1-3
2-2-3
2-6-1

花样A

130针　49cm

袖片

30针

8-1-2
3-3-2
2-2-2
2-1-2
2-3-4
2-4-2
2-2-2
2-6-1

总130针

6-2-5
8-2-10
10-2-10

花样A

80针

20cm
34cm
6cm

领

花样A

花样A

黑色诱惑装

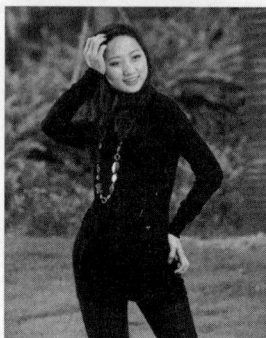

【成品规格】胸围 96cm　衣长 75cm　袖长 65cm

【工具】13 号棒针

【材料】细毛线

【附件】纽扣

【密度】10cm²：35 针×50 行

【制作过程】起罗纹针编织底边，前片分左右编织，缝合前后片、肩部，编织门襟缝合。编两口袋缝在衣服下摆处，编织袖片与正身缝合。

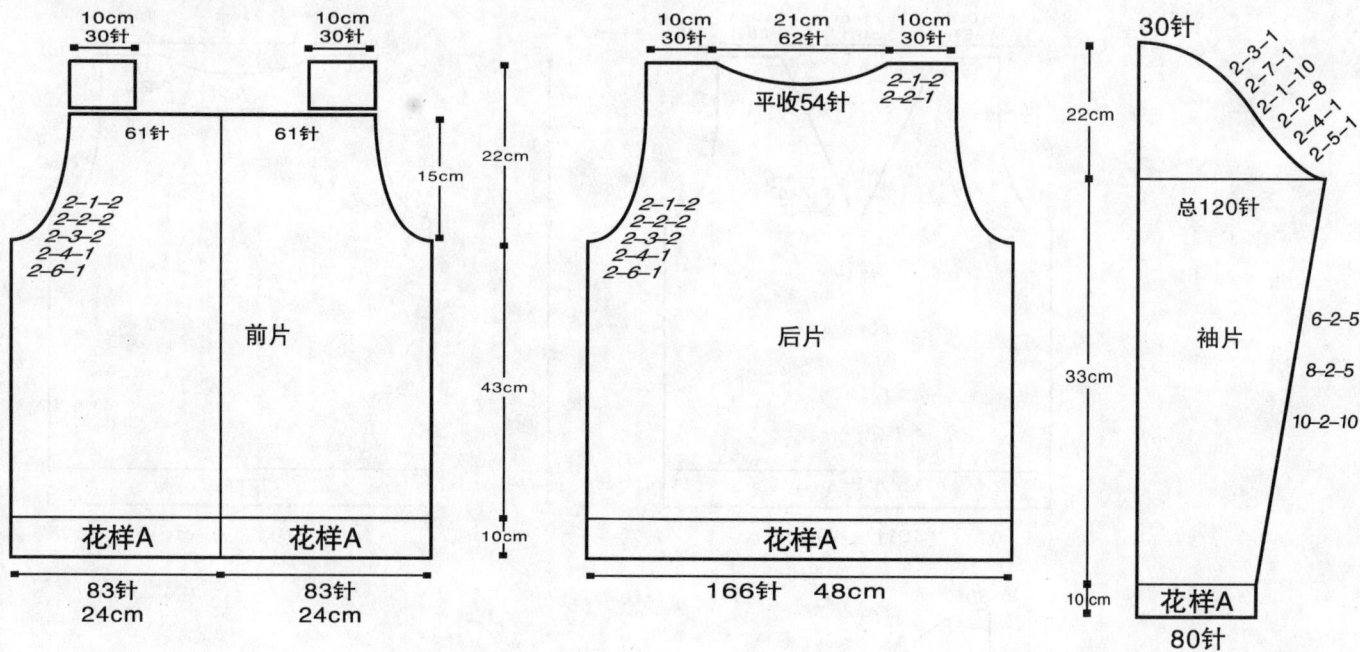

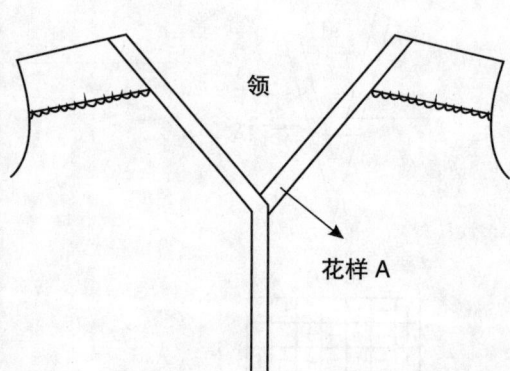

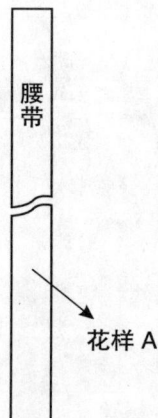

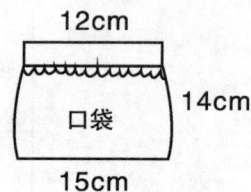

10cm 30针　　10cm 30针

61针　　61针

2-1-2
2-2-2
2-3-2
2-4-1
2-6-1

15cm
22cm
43cm
10cm

前片

花样A　　花样A

83针 24cm　　83针 24cm

10cm 30针　21cm 62针　10cm 30针

平收54针
2-1-2
2-2-1

2-1-2
2-2-2
2-3-2
2-4-1
2-6-1

后片

花样A

166针　48cm

30针

2-3-1
2-7-1
2-1-10
2-2-8
2-4-1
2-5-1

22cm

总120针

袖片

6-2-5
8-2-5
10-2-10

33cm

10cm

花样A

80针

领

花样 A

腰带

花样 A

12cm

口袋

14cm

15cm

花样A

I	—	I	—	I	—	I
—	I	—	I	—	I	—
I	—	I	—	I	—	I
—	I	—	I	—	I	—
I	—	I	—	I	—	I

俏皮双层装

【成品规格】胸围 96cm　衣长 65cm　袖长 65cm

【工具】13 号棒针

【材料】红色毛线

【密度】10cm²：40 针×45 行

【制作过程】起平针编织 5cm 对折为底边，缝合前后片，挑领口编织，编织两短前片，分左右片织，与正身缝在一起，钩合袖片。

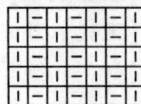
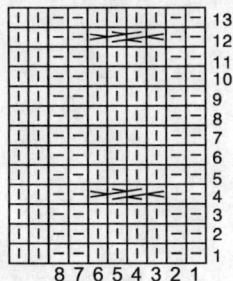

花样A　花样B

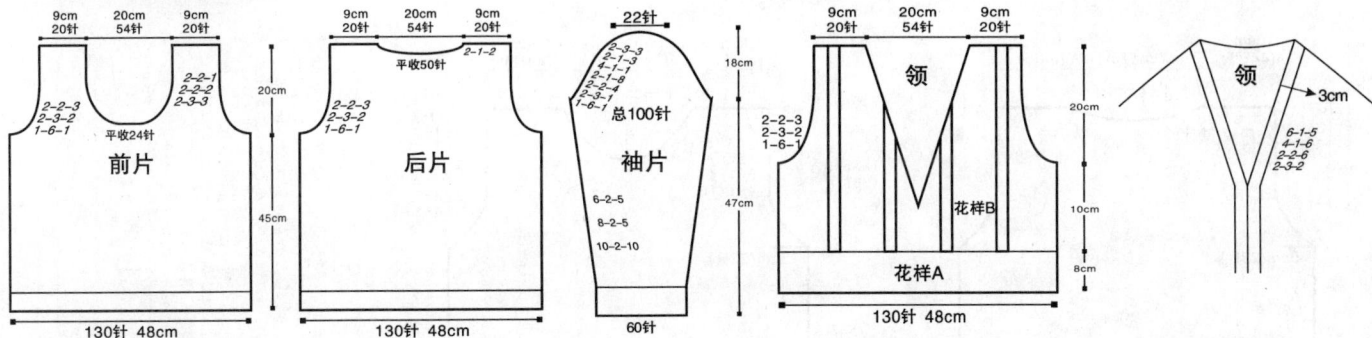

前片　后片　袖片　领　领

【成品规格】背心　胸围 88cm　衣长 60cm

　　　　　　外套　胸围 90cm　衣长 38cm　袖长 65cm

【工具】12 号棒针

【材料】浅色绒线

【密度】10cm²：32 针×50 行

【制作过程】此款两件套先里面背心，平针起织 5cm 对折缝合为底边，前后片缝合，挑领口，袖笼编织；外套起罗纹边分左右片编织，前后片缝合，挑领边编织花样 B，袖片与正身缝合。

领　花样B

花样A　花样B

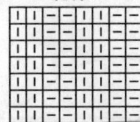
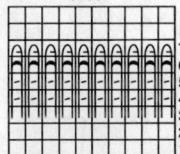

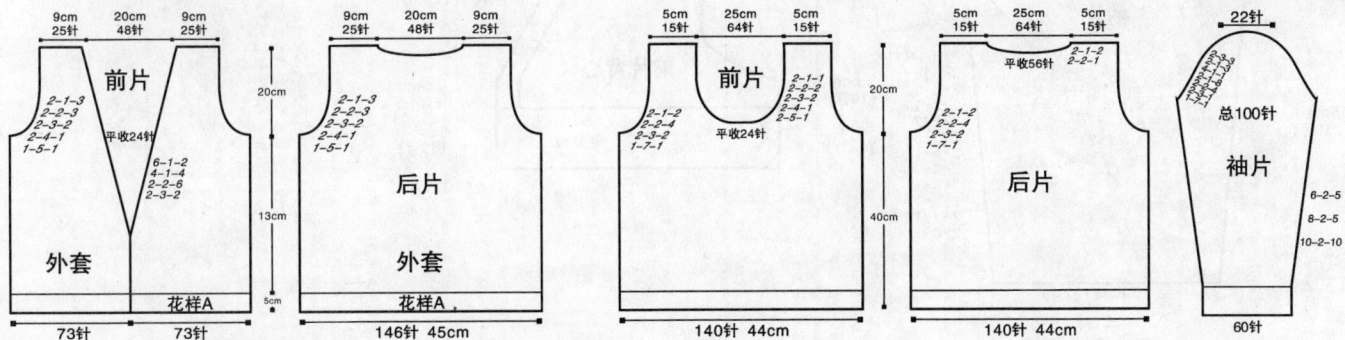

前片 外套　后片 外套　前片　后片　袖片

俏皮双层装

【成品规格】胸围 94cm　衣长 60cm　袖长 54cm

【工具】2mm 棒针

【材料】纯羊毛线

【密度】10cm²：44 针×53 行

【附件】纽扣 4 枚

【制作过程】本款为圆领长袖毛衣，前片为双层，先织底层前后片，再织前片开襟小背心，一起缝合小背心门襟和衣袖。小背心的门襟减针时，花样不要减针，只减花样 A 旁边的针。花样可按花样 A 自由设计。

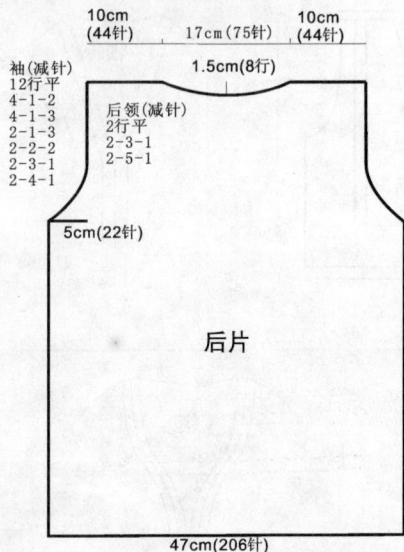

后片

10cm (44针)　17cm (75针)　10cm (44针)

1.5cm (8行)

后领（减针）
2行平
2-3-1
2-5-1

袖（减针）
12行平
4-1-2
4-1-3
2-1-3
2-2-2
2-3-1
2-4-1

5cm (22针)

18.5cm (98行)

41.5cm (220行)

47cm (206针)

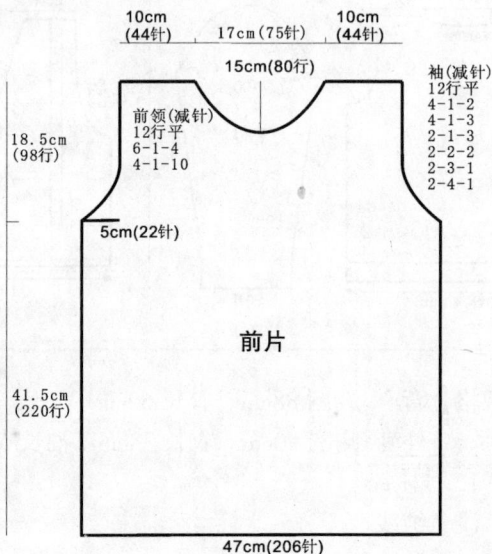

前片

10cm (44针)　17cm (75针)　10cm (44针)

15cm (80行)

前领（减针）
12行平
6-1-4
4-1-10

袖（减针）
12行平
4-1-2
4-1-3
2-1-3
2-2-2
2-3-1
2-4-1

5cm (22针)

47cm (206针)

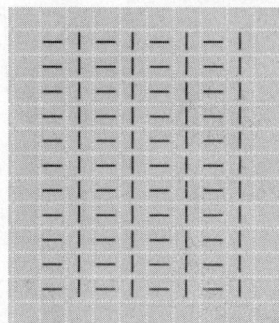

单罗纹

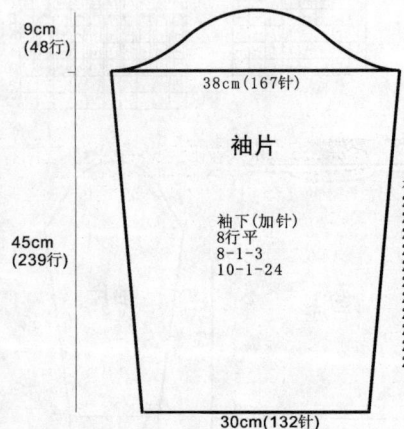

袖片

9cm (48行)

38cm (167针)

袖山（减针）
2行平
2-2-2
2-1-1
2-2-2
2-2-2
2-4-1
2-2-2
2-3-1
2-2-1
2-2-1
2-3-1

袖下（加针）
8行平
8-1-3
10-1-24

45cm (239行)

30cm (132针)

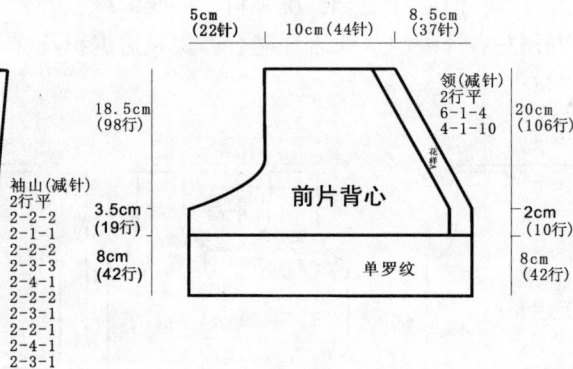

前片背心

5cm (22针)　10cm (44针)　8.5cm (37针)

领（减针）
2行平
6-1-4
4-1-10

20cm (106行)

18.5cm (98行)

3.5cm (19行)

8cm (42行)

2cm (10行)

8cm (42行)

单罗纹

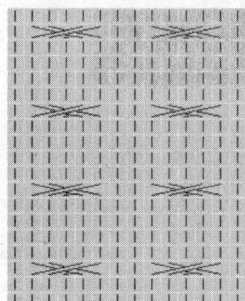

花样A

宽松上装

【成品规格】胸围 96cm　衣长 55cm　袖长 50cm
【工具】12 号棒针
【材料】灰色混纺线
【密度】10cm²：40 针×45 行
【制作过程】起双罗纹为底边依照样衣编织花样
B，两袖片编织花样 C，身子与袖片缝合。

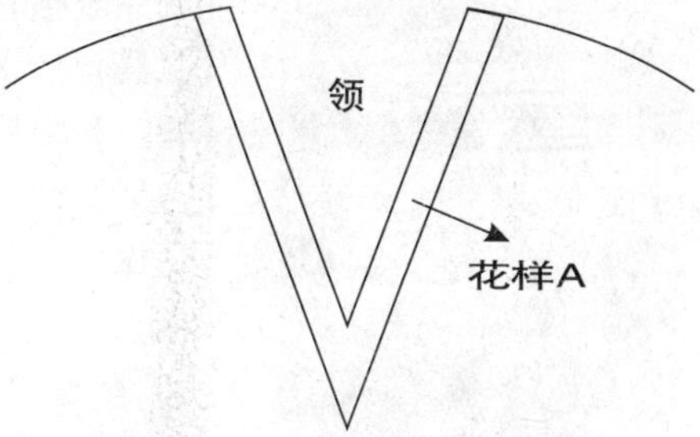

领

花样A

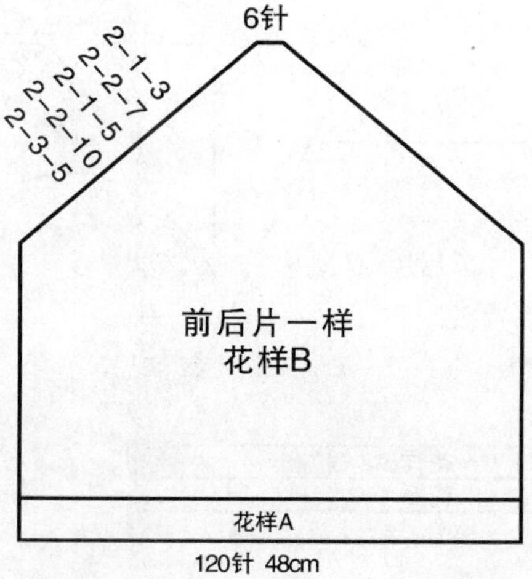

袖片

花样A

花样C

50cm

6针

2-1-3
2-2-7
2-1-5
2-1-1
2-2-10
2-3-5

前后片一样
花样B

30cm

花样A

120针 48cm

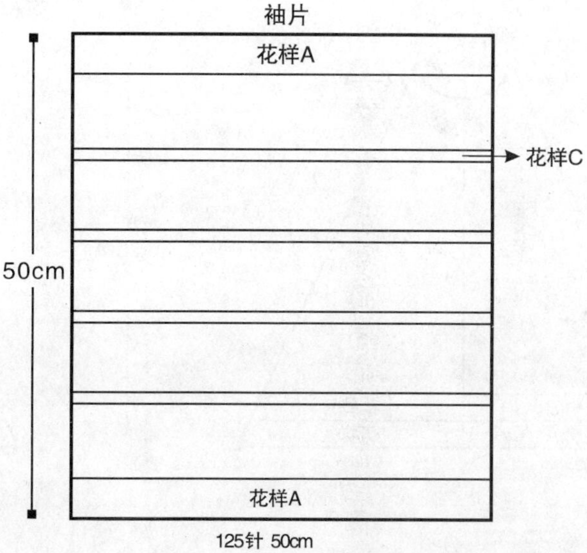

花样A

125针 50cm

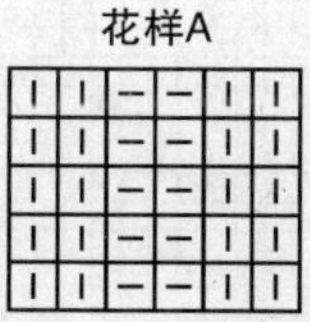

花样A

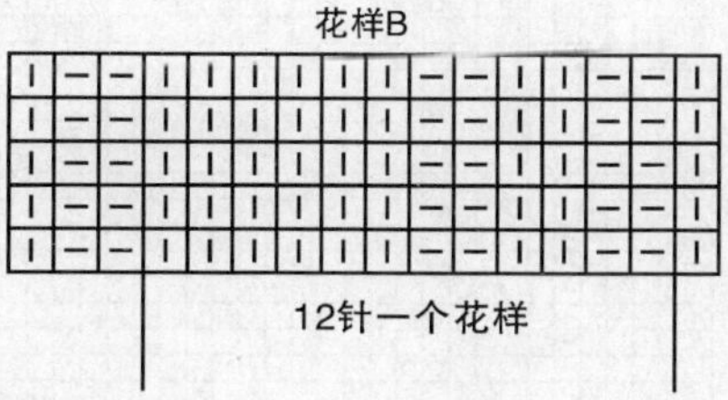

花样B

12针一个花样

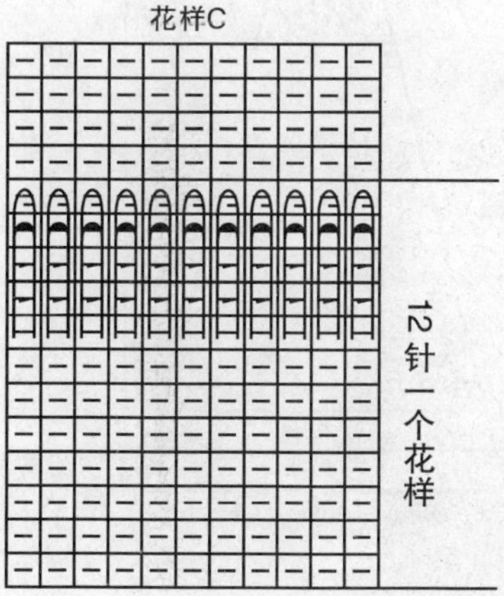

花样C

12针一个花样

宽松上装

【成品规格】胸围 96cm　衣长 55cm

【工具】10 号棒针

【材料】中粗毛线

【密度】10cm²：22 针×26 行

【制作过程】起头编织双罗纹，并按照样衣花案自由配色，缝合前后片，挑针编织帽子，挑帽边门襟编织。

花样A

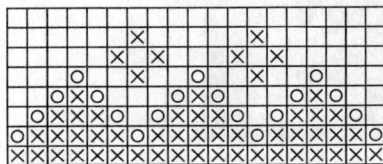

花样B

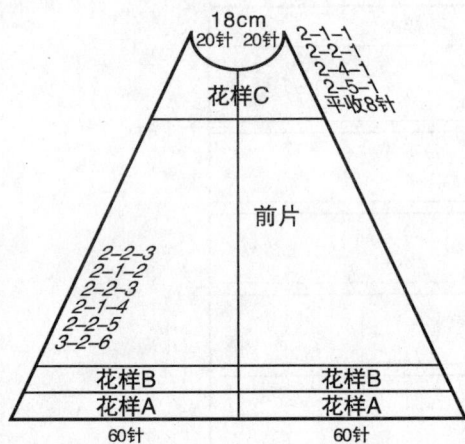

18cm
20针　20针
2-1-1
2-1-1
2-1-1
2-4-1
2-5-1
平收8针

花样C

前片

55cm

2-2-3
2-1-2
2-2-3
2-1-4
2-2-5
3-2-6

花样B　花样B

花样A　花样A

60针　60针

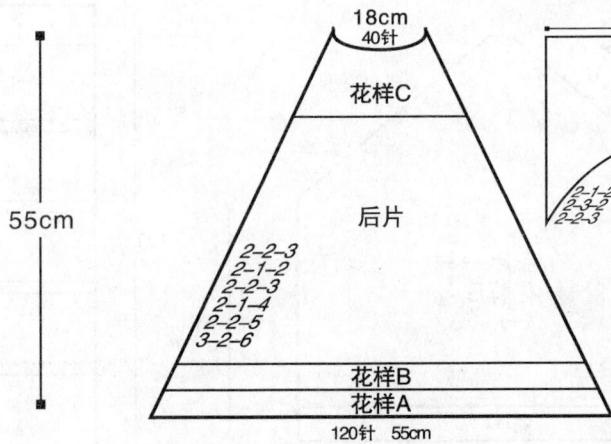

18cm
40针

花样C

后片

2-2-3
2-1-2
2-2-3
2-1-4
2-2-5
3-2-6

花样B

花样A

120针　55cm

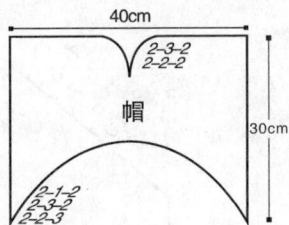

40cm

帽

2-3-2
2-2-2

30cm

2-1-2
2-3-2
2-2-3

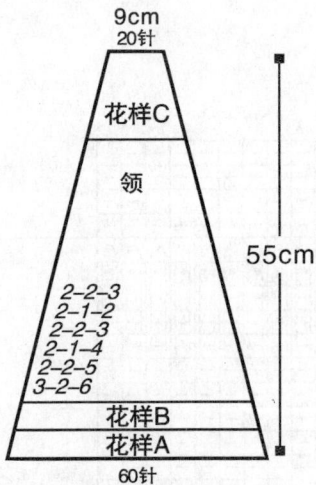

9cm
20针

花样C

领

55cm

2-2-3
2-1-2
2-2-3
2-1-4
2-2-5
3-2-6

花样B

花样A

60针

花样C

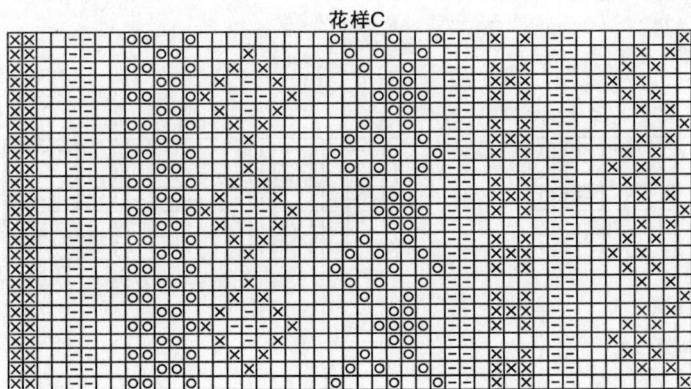

粉红文雅淑女装

【成品规格】胸围 90cm　衣长 65cm　袖长 65cm

【工具】14 号棒针

【材料】灰色、粉红色细绒线

【密度】10cm²：33 针×55 行

【制作过程】起平针编织粉红色下摆、灰色下半身，按样衣编织袖片、缝合，挑领，袖口编织。

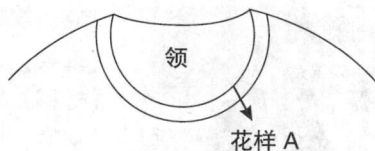

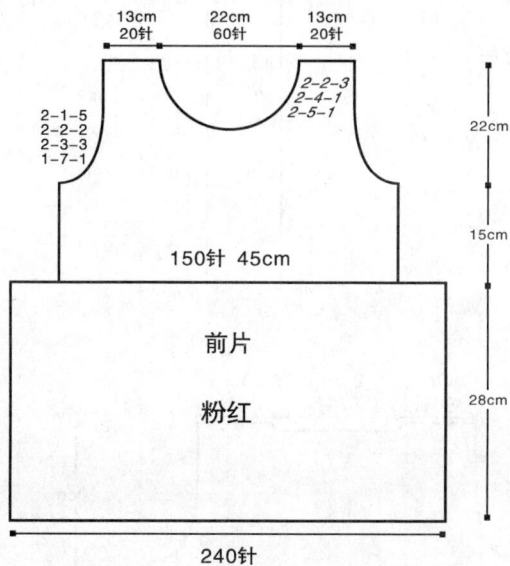

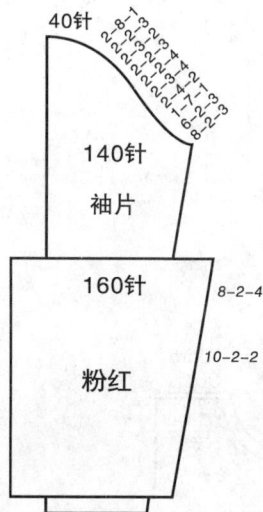

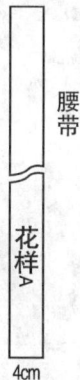

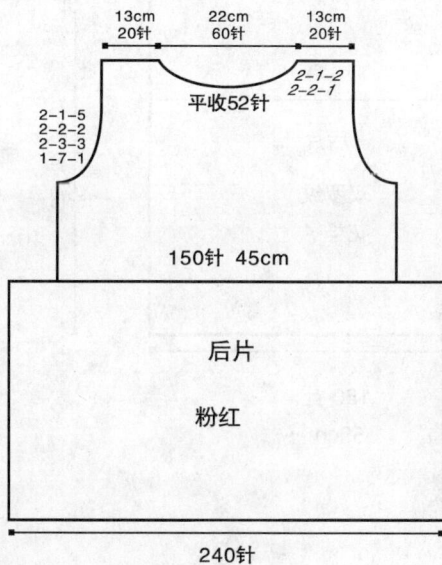

领

花样 A

13cm 20针　22cm 60针　13cm 20针

2-2-3
2-4-1
2-5-1

2-1-5
2-2-2
2-3-3
1-7-1

150针 45cm

前片

粉红

240针

22cm

15cm

28cm

40针

8-1-3
8-2-3
2-1-3
2-3-3
2-4-1
2-4-2
2-1-5
2-1-6
2-2-4
2-2-8

2-2-3
2-4-1
1-7-3
3-5-1
1-6-3
1-6-8

140针

袖片

160针

8-2-4

10-2-2

粉红

腰带

花样
A

4cm

13cm 20针　22cm 60针　13cm 20针

2-1-2
2-2-1

平收52针

2-1-5
2-2-2
2-3-3
1-7-1

150针 45cm

后片

粉红

240针

花样 A

新版棒针靓丽衫

167

纯黑圆领装

【成品规格】胸围 90cm　衣长 62cm　袖长 65cm

【工具】13 号棒针

【材料】黑色三股羊毛线

【密度】$10cm^2$：30 针×35 行

【制作过程】起罗纹编织花样 A，织到腰部时前后分开做两片织，织物缝合后挑边和衣领，最后织一长边缝合在领边。

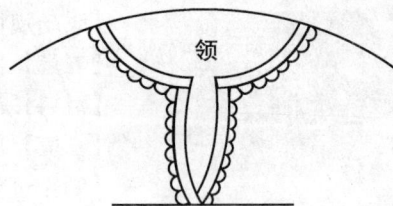

领

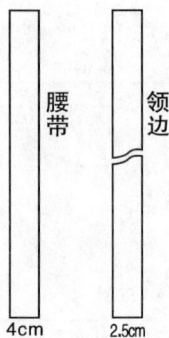

腰带

领边

4cm　2.5cm

花样A

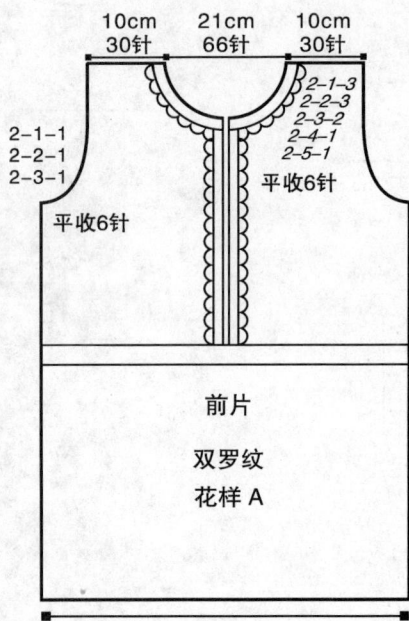

10cm　21cm　10cm
30针　66针　30针

2-1-3
2-2-3
2-3-2
2-4-1
2-5-1

平收6针

2-1-1
2-2-1
2-3-1

平收6针

前片
双罗纹
花样 A

150 针
50cm

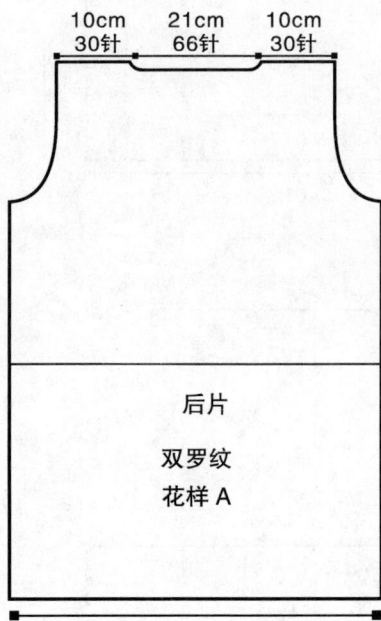

10cm　21cm　10cm
30针　66针　30针

后片
双罗纹
花样 A

150 针
50cm

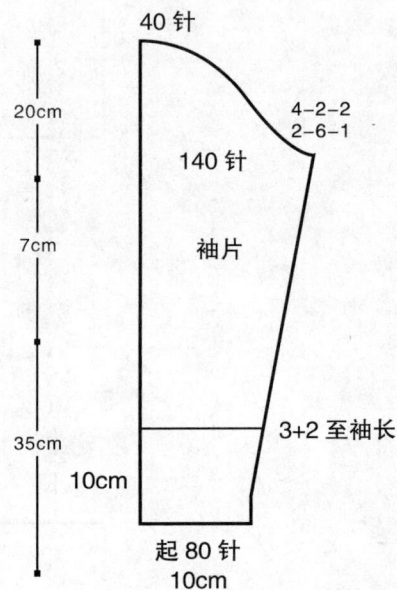

40 针

4-2-2
2-6-1

140 针

袖片

3+2 至袖长

起 80 针
10cm

20cm

7cm

35cm

10cm

精致袖珍型蝙蝠衫

【成品规格】胸围 96cm　衣长 56cm　袖长 30cm
【工具】1.7mm 棒针
【材料】细羊毛线
【密度】10cm²：44 针×53 行
【制作过程】起单罗纹，织花样 A，正身前面用双色线交替织花样 B，后身用一种颜色织好后缝合。

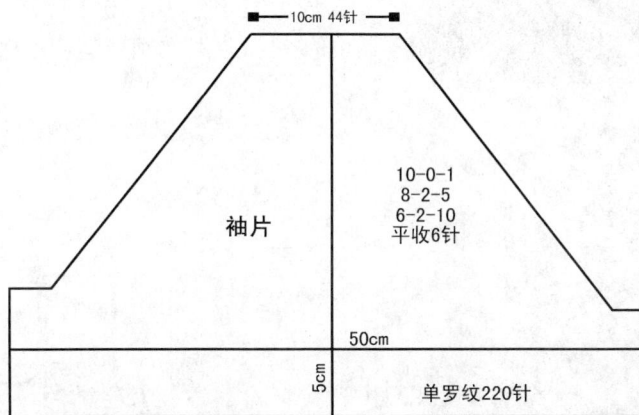

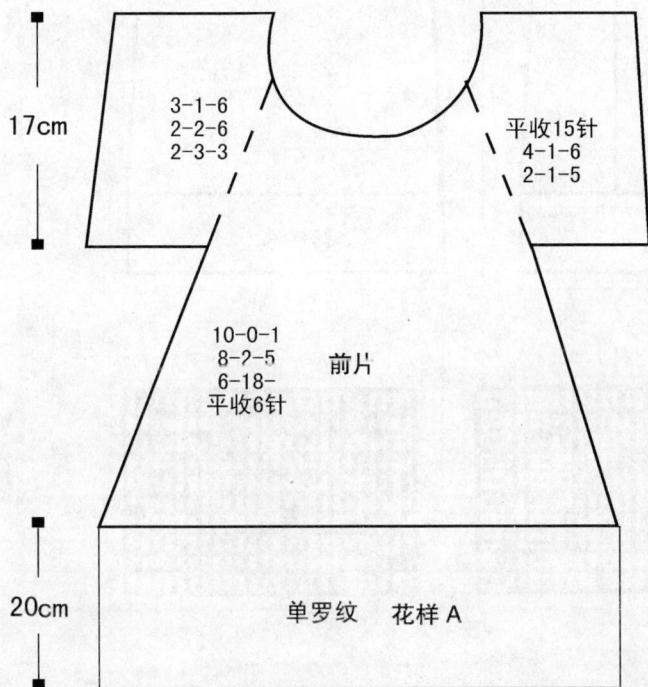

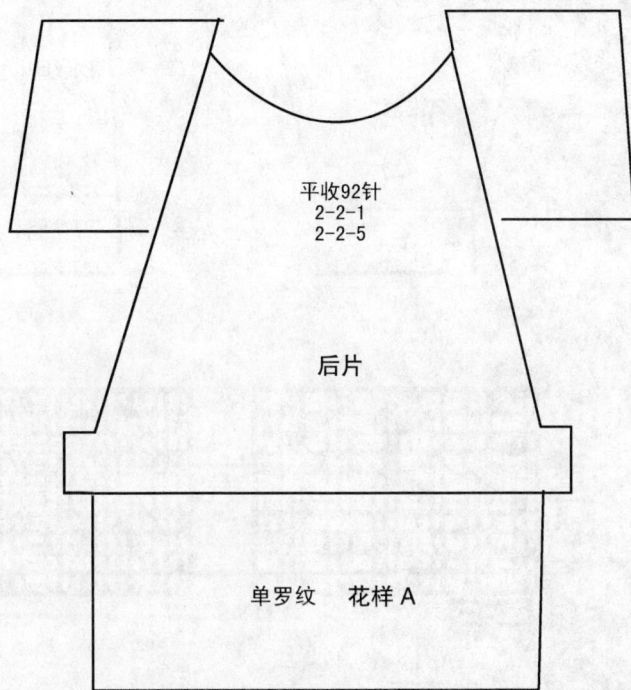

10cm 44针

袖片

10-0-1
8-2-5
6-2-10
平收6针

50cm

5cm　单罗纹220针

17cm

3-1-6
2-2-6
2-3-3

平收15针
4-1-6
2-1-5

10-0-1
8-2-5
6-18-
平收6针

前片

平收92针
2-2-1
2-2-5

后片

20cm

单罗纹　花样 A

单罗纹　花样 A

新颖活力装

【成品规格】胸围 96cm　衣长 60cm　袖长 53cm
【工具】1.7mm 棒针
【材料】细羊毛线
【附件】扣子 7 枚
【密度】10cm²：44 针×53 行
【制作过程】起头单罗纹织花样 A，正身前片分 3 部分织花样 B、花样 C、花样 B。中间 C 部分每织 4 行多织出 2 行，一直 4 行多织 2 行至领位，按图一一织完缝合。再织一条 4cm×31cmD 缝在领下至罗纹边作装饰门襟，把 C 多加出来的长度均匀打成褶，钉上装饰扣。

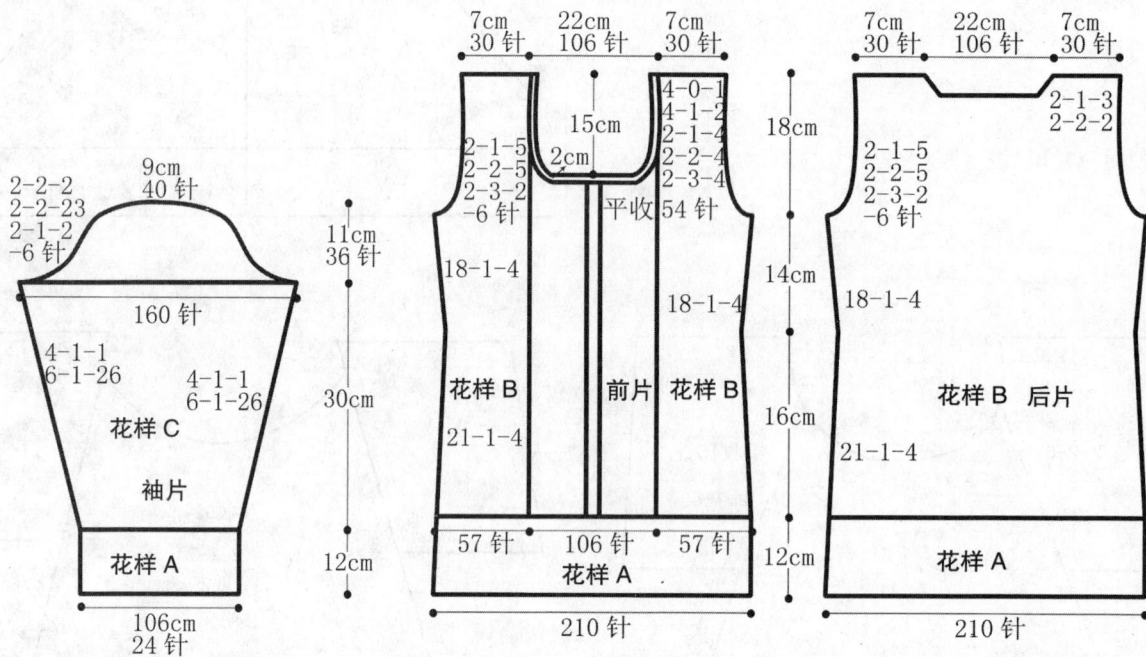

袖片（左）

2-2-2
2-2-23
2-1-2
-6 针

9cm 40 针

160 针

4-1-1
6-1-26

4-1-1
6-1-26

花样 C

袖片

花样 A

106cm
24 针

11cm 36 针

30cm

12cm

前片（中）

7cm 30 针　22cm 106 针　7cm 30 针

4-0-1
4-1-2
2-1-2
2-2-4
2-3-4
平收 54 针

15cm
2cm

2-1-5
2-2-5
2-3-2
-6 针

18-1-4

花样 B　前片　花样 B

21-1-4

57 针　106 针　57 针
花样 A

210 针

后片（右）

7cm 30 针　22cm 106 针　7cm 30 针

2-1-3
2-2-2

18cm

2-1-5
2-2-5
2-3-2
-6 针

14cm

18-1-4

16cm

花样 B　后片

21-1-4

12cm

花样 A

210 针

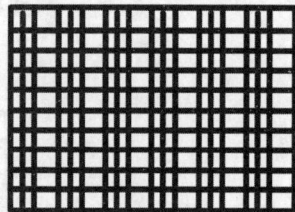

花样 A　单罗纹

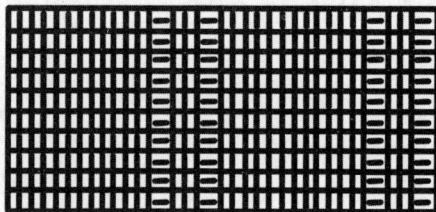

花样 B

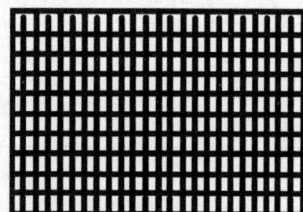

花样 C　平针

淑女靓丽衫

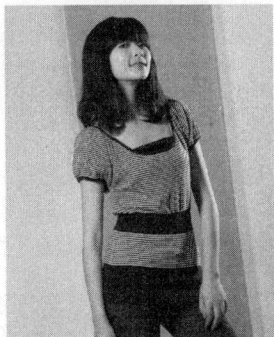

【成品规格】胸围 88cm　衣长 55cm　袖长 18cm

【工具】12 号棒针

【材料】黑色混纺线

【密度】10cm²：23 针×32 行

【制作过程】起罗纹针编织底边，按样衣花样编织完成，缝合肩部、腋下，挑领边、袖边编织。

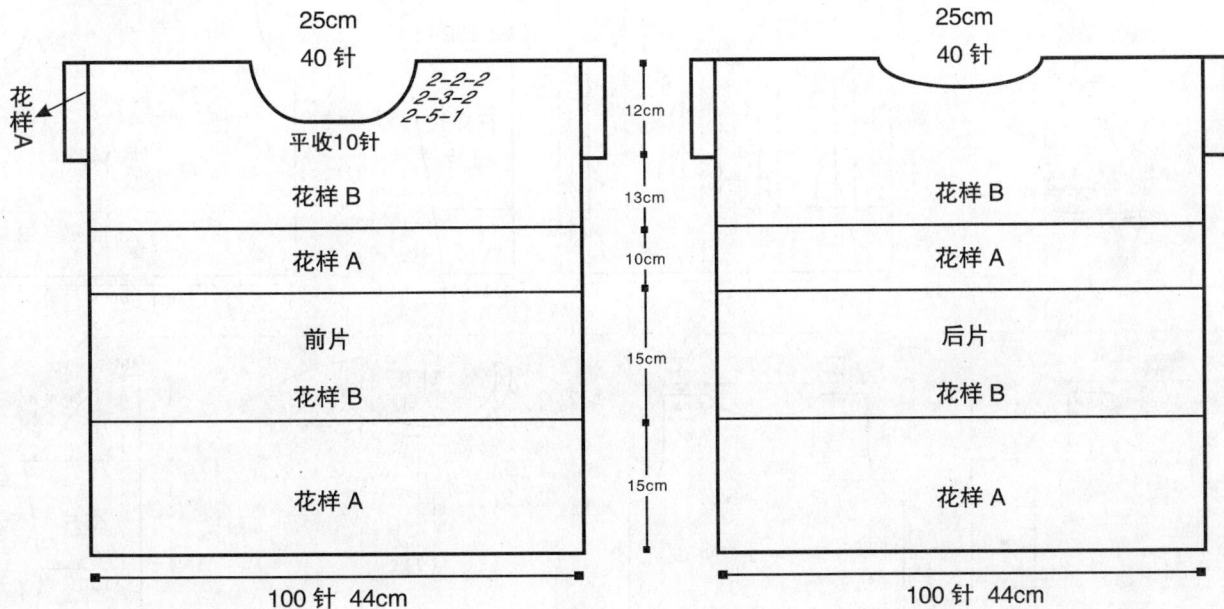

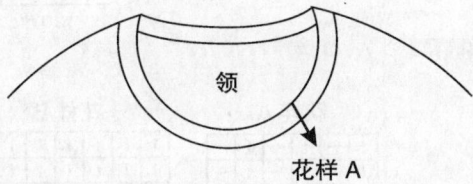

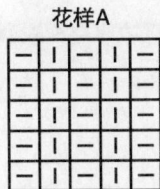

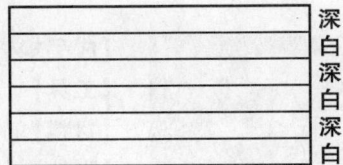

25cm

40 针

花样 A

2-2-2
2-3-2
2-5-1

平收10针

花样 B

花样 A

前片

花样 B

花样 A

100 针 44cm

12cm

13cm

10cm

15cm

15cm

25cm

40 针

花样 B

花样 A

后片

花样 B

花样 A

100 针 44cm

领

花样 A

花样 A

花样A

−	I	−	I	−
−	I	−	I	−
−	I	−	I	−
−	I	−	I	−
−	I	−	I	−

深
白
深
白
深
白

别致精美上装

【成品规格】胸围 96cm　衣长 65cm　袖长 65cm

【工具】14 号棒针

【材料】细绒线

【密度】10cm²：35 针×50 行

【制作过程】平针起编织 16cm 对折缝合，然后编织花样 A，按照样衣编织，前后片缝合，挑领口编织花样 B，袖片完成与正身钩合。

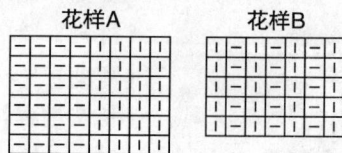

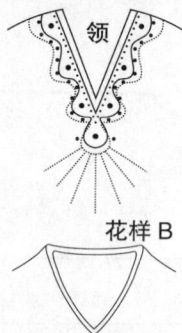

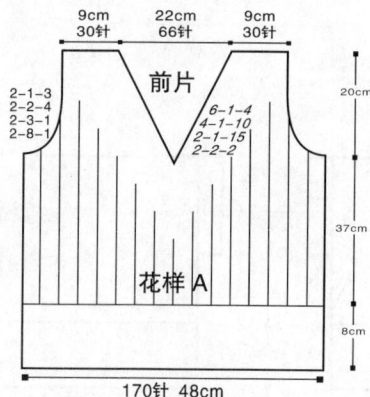

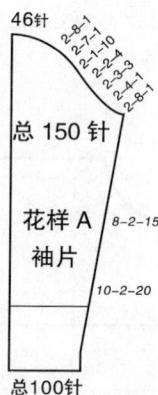

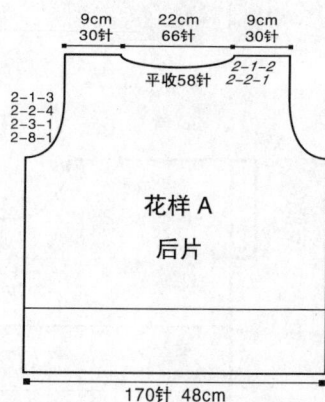

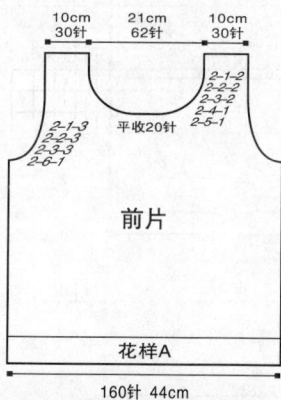

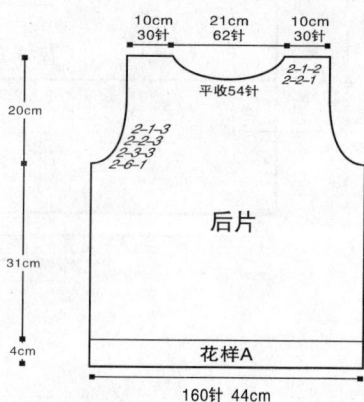

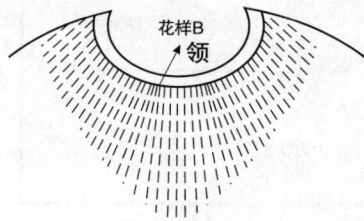

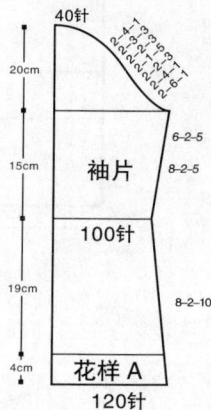

花样A　　花样B

领

花样 B

前片

9cm 30针　22cm 66针　9cm 30针

2-1-3
2-2-4
2-3-1
2-8-1

6-1-4
4-1-10
2-3-1
2-1-15
2-2-2

花样 A

170针 48cm

20cm

37cm

8cm

46针
2-8-1
2-7-1
2-1-10
2-4-1
2-3-1

总 150 针

花样 A

袖片

8-2-15

10-2-20

总100针

9cm 30针　22cm 66针　9cm 30针

平收58针

2-1-2
2-2-1

2-1-3
2-2-4
2-3-1
2-8-1

花样 A

后片

170针 48cm

10cm 30针　21cm 62针　10cm 30针

平收20针

2-1-2
2-2-3
2-4-1
2-5-1

2-1-3
2-2-3
2-3-3
2-6-1

前片

花样A

160针 44cm

20cm

31cm

4cm

10cm 30针　21cm 62针　10cm 30针

平收54针

2-1-2
2-2-1

2-1-3
2-2-3
2-3-3
2-6-1

后片

花样A

160针 44cm

花样B
领

40针

20cm

15cm

19cm

4cm

袖片

100针

6-2-5

8-2-5

花样 A

120针

8-2-10

【成品规格】胸围 88cm　衣长 55cm　袖长 58cm

【工具】14 号棒针

【材料】咖啡色毛线

【附件】电光片

【密度】10cm²：36 针×52 行

【制作过程】起头编织花样 A 为底边，再织平针，缝合前后片，挑领口编织花样 B，袖片完成与正身缝合，前胸依照样衣图案缝上电光片。

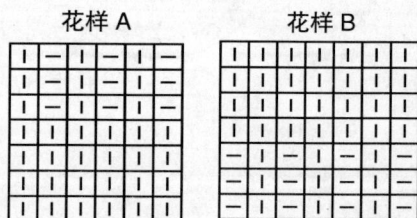

花样 A　　花样 B

粉红佳人蝙蝠衫

【成品规格】腰围 80cm　衣长 60cm　袖长 60cm

【工具】12 号棒针

【材料】三股细绒线

【密度】10cm²：18 针×25 行

【制作过程】此套衫的织法较为特别，前后片都是横织，并且都由中间起头，分别向左、右袖口方向编织：1. 前片：从中间起头，先织左身，再织右身；2. 开前领：织第 2 行时，开始加针，每行加 1 针。前后片织好后缝合，然后挑衣领、袖口、底边编织。

花样 A

60cm

2+10+1
2+5+7
2+4+1
2+3+1
2+2+4
2+1+5

15cm

起200针

50cm

花样 A

后片

20cm

50cm

130针

2+1+2

起180针

前片

花样 A

花样 A

60cm

花样 B

60cm

花样 A

10cm

70针

花样 A

前片花样B

花样 A

领

腰带紧身装

【成品规格】胸围 90cm　衣长 70cm　袖长 65cm

【工具】14 号棒针

【材料】羊毛绒线

【密度】10cm²：40 针×55 行

【制作过程】起罗纹依照样衣编织前后片及袖片，缝合挑领编织，袖片与正身缝合，编织两个衣袋缝在前下摆。

花样A

花样B

前片

10cm 30针　22cm 70针　30cm 10针

2-1-3
2-2-3
2-3-3
1-7-1

平收30针

花样B

花样A

花样A

180针 45cm

22cm

33cm

15cm

后片

10cm 30针　22cm 70针　30cm 10针

平收62针

2-1-2
2-2-1

2-1-3
2-2-3
2-3-3
1-7-1

花样A

180针 45cm

袖片

30针

20cm

2-2-10
2-3-6
2-5-2
1-7-1

总140针

30cm

8-2-15

10-2-15

15cm

花样A

80针

领

花样A

衣袋

花样A

10cm

12cm

腰带

6cm

腰带

150cm
(795针)

8cm
(35针)

前片

11cm (48行)　15cm (66行)　11cm (48行)

领(减针)
12行平
4-1-2
4-1-3
4-1-10

15cm(80行)

袖(减针)
12行平
4-1-2
4-1-3
2-1-1
2-3-1
2-4-1

5cm(22行)

单罗纹

单罗纹

47cm(206针)

18.5cm

10.5cm
(56行)

16cm
(85行)

16cm
(85行)

后片

11cm (48行)　15cm (66行)　11cm (48行)

领(减针)
1.5cm(8行)
2行平
2-1-1
2-5-1

5cm(22行)

袖(减针)
12行平
4-1-2
2-1-1
2-3-1
2-4-1

单罗纹

单罗纹

47cm(206针)

8cm
(42行)

16cm
(85行)

16cm
(85行)

袖片

袖山(减针)
2行平
2-2-2
2-1-1
2-2-2
2-2-2
2-3-3
2-4-1
2-2-2
2-2-1
2-2-1
2-4-1
2-3-1

38cm
(167针)

袖下(加针)
8行平
8-1-3
10-1-24

9cm
(48行)

29cm
(154行)

16cm
(85行)

单罗纹

30cm
(132针)

腰带

8cm
(35针)

【成品规格】胸围 94cm　衣长 69cm　袖长 54cm

【工具】2mm 棒针

【材料】纯羊毛线

【密度】10cm²：44 针×53 行

【制作过程】此款为有腰带的长款毛衣，前后片先起206针织单罗纹 85 行，再织下针 85 行，再织单罗纹 42 行，织完后与袖子缝合，腰带为一条长矩形，织好后系蝴蝶结于腰间。

单罗纹

腰带紧身装

【成品规格】胸围88cm　衣长70cm　袖长65cm
【工具】13号棒针
【材料】羊绒线
【附件】纽扣7枚
【密度】10cm²：36针×55行
【制作过程】起单罗纹编织底边10cm，前片左右分开参照花样B编织，缝合前后片，编织宽4cm的门襟缝合，钩合袖片。

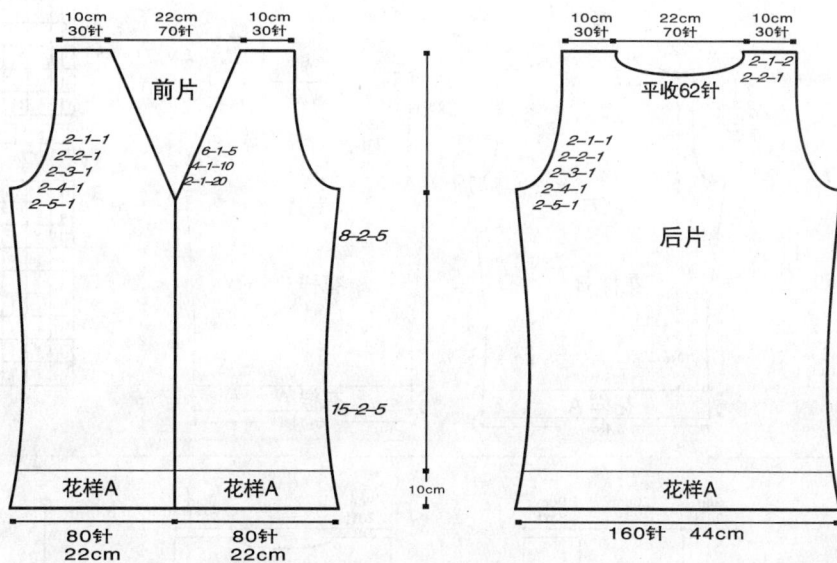

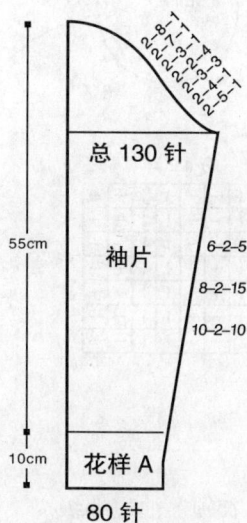

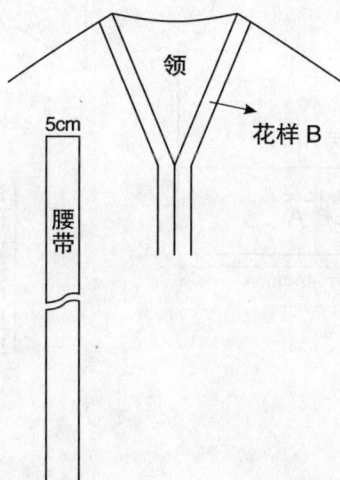

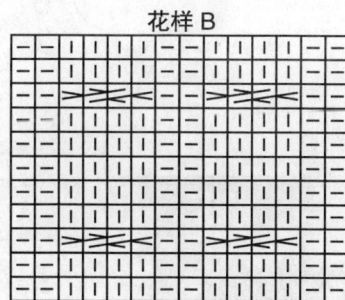

前片

| 10cm 30针 | 22cm 70针 | 10cm 30针 |

2-1-1
2-2-1
2-3-1
2-4-1
2-5-1

6-1-5
4-1-10
2-1-20

8-2-5

15-2-5

花样A　花样A

80针 22cm　80针 22cm

后片

| 10cm 30针 | 22cm 70针 | 10cm 30针 |

2-1-2
2-2-1

平收62针

2-1-1
2-2-1
2-3-1
2-4-1
2-5-1

10cm

花样A

160针　44cm

袖片

8-1-1
7-1-1
3-2-4
2-2-4
2-5-1

总130针

55cm

袖片

6-2-5

8-2-15

10-2-10

10cm

花样A

80针

领

5cm

腰带

花样B

花样A

花样B

紧致贴身款

新版棒针靓丽衫

176

【成品规格】胸围96cm　衣长53cm　袖长20cm

【工具】1.7mm 棒针

【材料】细羊毛线

【附件】亮片少许

【密度】10cm²：44 针×53 行

【制作过程】起单罗纹，织花样 A，正身织花样 B，照样衣图织完。缝合挑领织58cm，织花样 A20cm，亮片依各人爱好放领下熨烫好。

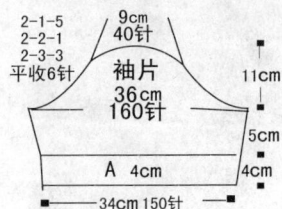

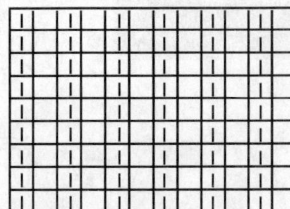

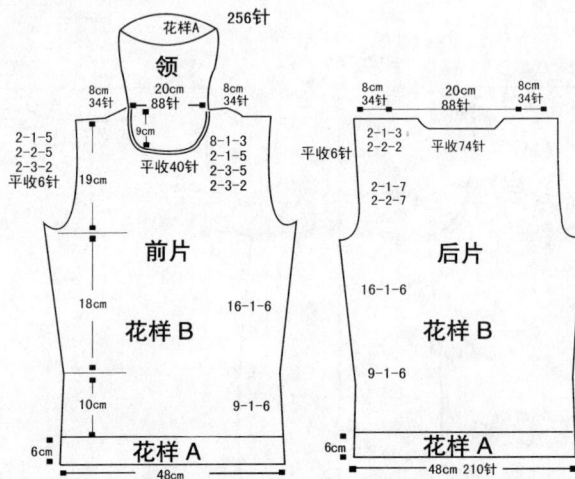

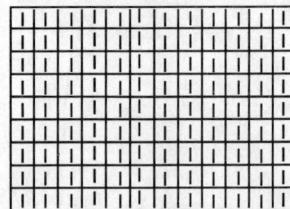

花样A

□ = ―

花样B

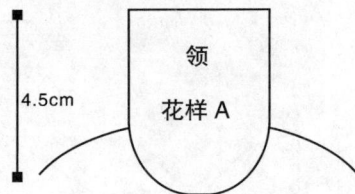

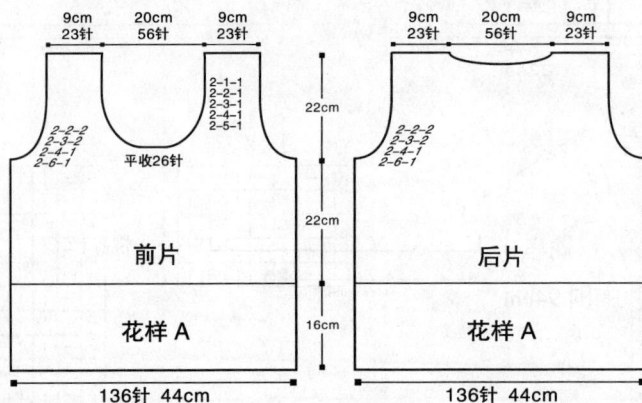

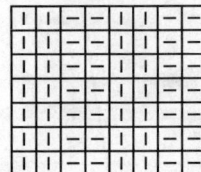

领
花样 A

花样 A

【成品规格】胸围99cm　衣长60cm

【工具】14 号棒针

【材料】细毛线

【密度】10cm²：31 针×50 行

【制作过程】起罗纹边织 16cm 改织平针，缝合前后片肩部、腋下，挑衣领、袖边编织。

V 领花边靓衫

【成品规格】胸围 96cm　衣长 53cm　袖长 20cm

【工具】1.7mm 棒针

【材料】细羊毛线

【附片】亮片少许

【密度】10cm²：44 针×53 行

【制作过程】起单罗纹，织花样 A 和花样 B，照衣样图织完。缝一条 6cm×90cm 花样 B 的边缝在中腰以上绕至另一侧肩头。

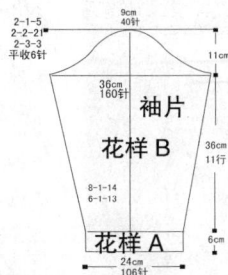

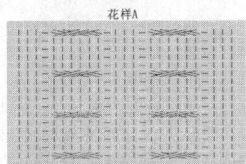

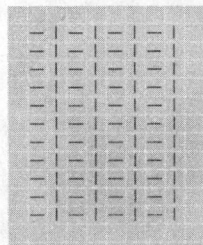

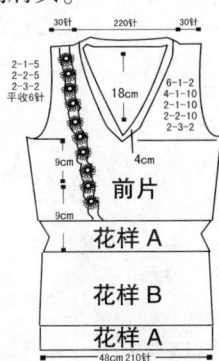

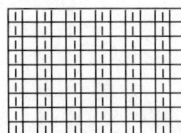

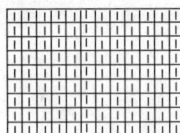

花样A

单罗纹

2-1-5
2-2-5
2-3-2
平收6针

18cm

4cm

9cm

9cm

前片

花样 A

花样 B

花样 A

48cm 210针

6-1-2
4-1-10
2-1-10
2-2-10
2-3-2

5cm
22针　28cm 124针　5cm
22针

平收82针

2-1-3
2-2-2

18cm

12cm

10cm

14cm

6cm

后片

花样 A

花样 B

花样 A

48cm 210针

花样A

花样B

领口花样

袖片
花样 B
花样 A

2-1-5
2-2-2 2 1
2-3-3
平收6针

9cm 40针

11cm

36cm 160行

36cm
11行

8-1-14
6-1-13

24cm
106针

6cm

新版棒针靓丽衫

177

30cm(132针)

喇叭袖
花样A

袖下(减针)
8行平
8-1-3
10-1-24

袖片

30cm
(159行)

5cm
(27行)

单罗纹

38cm(67针)

11cm(48针)　15cm(66针)　11cm(48针)

15cm(79行)

左领(减针)
12行平
6-1-4
4-1-10

5cm
(22针)

前片

单罗纹

47cm(206针)

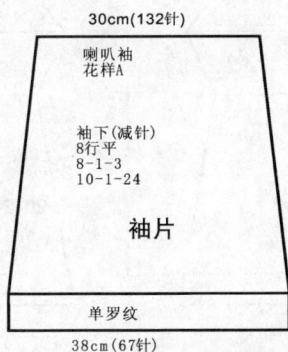

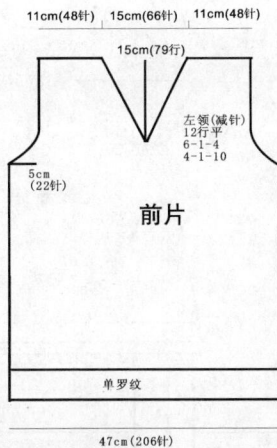

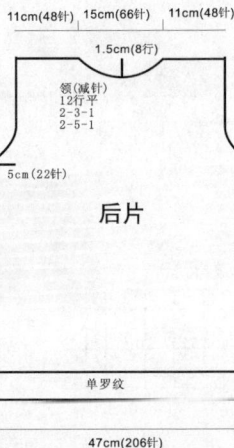

袖(减针)
12行平
4-1-2
2-1-3
2-2-2
2-3-1
2-4-1

18.5cm
(98行)

11cm(48针)　15cm(66针)　11cm(48针)

1.5cm(8针)

领(减针)
12行平
2-3-1
2-5-1

5cm
(22针)

后片

单罗纹

47cm(206针)

36.5cm
(193行)

5cm
(26行)

【成品规格】胸围 94cm
衣长 60cm　袖长 54cm

【工具】2mm 棒针

【材料】纯羊毛线

【密度】10cm²：44 针×53 行

【制作过程】此款为喇叭袖 V 领毛衣，先织前后片，袖子分片织，袖下按花样图解织，再缝合袖山，领子花边为一个织下针的长矩形，织好后在中线打褶皱，从左肩到右肩至领尖下缝合。

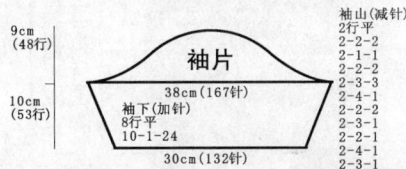

9cm
(48行)

10cm
(53行)

袖片

38cm(167针)

袖下(加针)
8行平
10-1-24

30cm(132针)

袖山(减针)
2行平
2-2-2
2-1-1
2-2-2
2-3-3
2-4-1
2-3-1
2-2-1
2-4-1
2-3-1

花边
下针

90cm(480行)

10cm
(44针)

纤薄紧身款

【成品规格】 胸围 94cm　衣长 69cm　袖长 54cm

【工具】 2mm 棒针

【材料】 纯羊毛线

【密度】 10cm²：44 针×53 行

【附件】 纽扣 4 枚

【制作过程】 本款为长袖毛衣，前后片按花样 A 起花样，前片按结构图缝合，下摆在腰部打皱褶后与衣身缝合，最后缝合袖子。

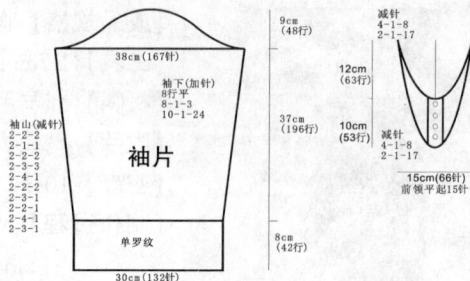

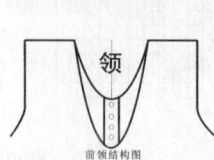

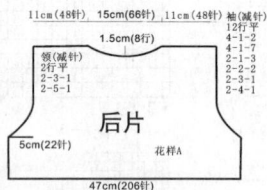

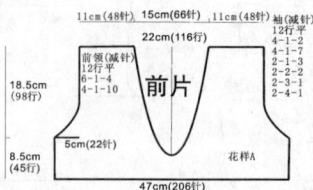

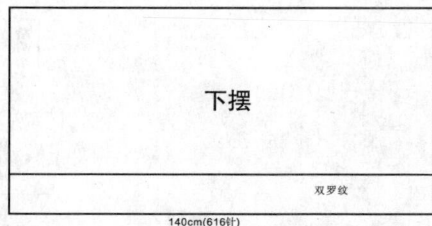

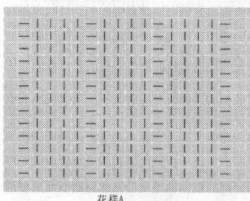

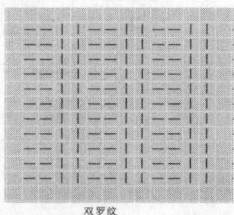

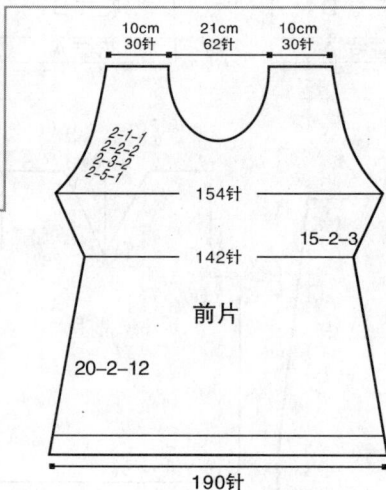

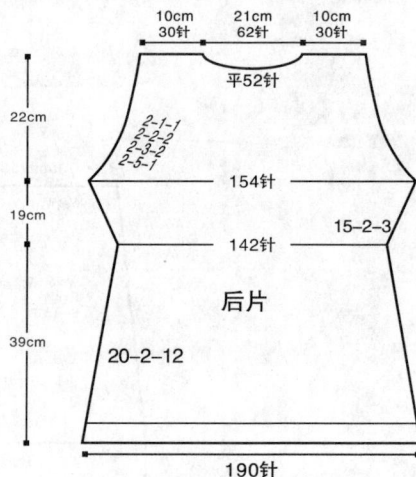

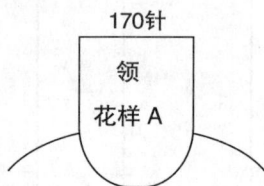

袖片
38cm(167针)
袖下(加针)
8行平
8-1-3
10-1-24
袖山(减针)
2-2-2
2-1-1
2-2-3
2-2-3
2-2-2
2-2-2
2-3-1
2-2-2
2-4-1
2-3-1
30cm(132针)
单罗纹
8cm(42行)

9cm(48行)
37cm(196行)
减针
4-1-8
2-1-17
12cm(63针)
减针
4-1-8
2-1-17
10cm(53行)
15cm(66针)
前领平起15针

领
前领结构图

后片
11cm(48针) 15cm(66针) 11cm(48针)
1.5cm(8行)
领(减针)
2行平
2-3-1
2-5-1
袖(减针)
12行平
4-1-2
2-1-3
2-2-2
2-3-1
2-4-1
5cm(22针)
花样A
47cm(206针)

前片
11cm(48针) 15cm(66针) 11cm(48针)
22cm(116针)
18.5cm(98行)
前领(减针)
12行平
6-1-4
4-1-10
袖(减针)
12行平
4-1-2
2-1-3
2-2-2
2-3-1
2-4-1
5cm(22针)
花样A
8.5cm(45行)
47cm(206针)

下摆
双罗纹
140cm(616针)
34
8c

花样A图

双罗纹

花样A

170针
领
花样A

前片
10cm 30针 / 21cm 62针 / 10cm 30针
2-1-1
2-2-2
2-3-2
2-5-1
154针
142针
20-2-12
190针
22cm
19cm
39cm
15-2-3

后片
10cm 30针 / 21cm 62针 / 10cm 30针
平52针
2-1-1
2-2-2
2-3-2
2-5-1
154针
142针
20-2-12
190针
15-2-3

【成品规格】 胸围 96cm　衣长 80cm　袖长 65cm

【工具】 13 号棒针

【材料】 灰色毛线

【密度】 10cm²：49 针×54 行

【制作过程】 全身用平针编织，腰部收腰，前后片织好缝合，挑领口编织，袖片与正身缝合。

袖片
32针
20cm
总140针
33cm
6-2-5
8-2-10
10-2-10
12cm
花样A
90针

温柔淡紫装

【成品规格】胸围 94cm　衣长 60cm

【工具】2mm 棒针

【材料】纯羊毛线

【密度】10cm²：44 针×53 行

【制作过程】此款为长袖毛衣，前后片起双罗纹，织好后，前后片缝合，领子为一个长矩形，缝合后多余部分一直缝合到衣片左边。

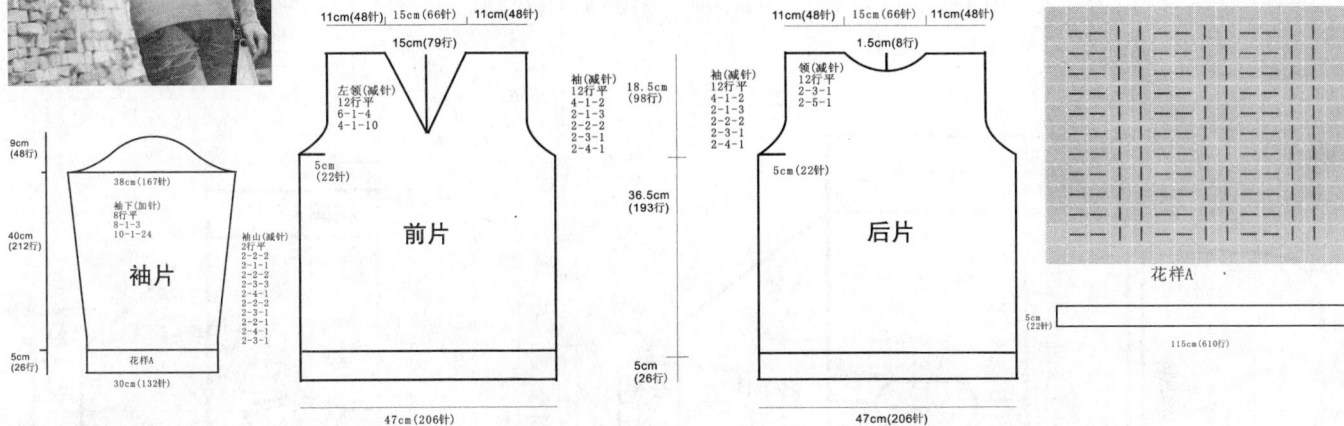

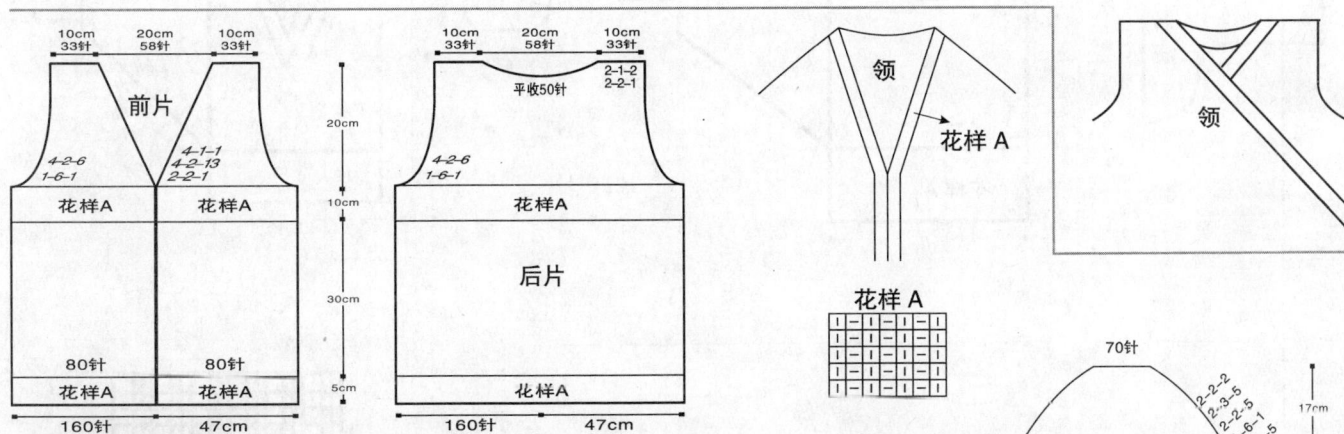

袖片

9cm（48行）

40cm（212行）

38cm（167针）

袖下（加针）
8行平
8-1-3
10-1-24

袖山（减针）
2行平
2-2-2
2-3-1
2-2-3
2-4-3
2-4-1
2-3-1
2-2-1
2-2-1
2-3-1

5cm（26行）

花样A

30cm（132针）

前片

11cm(48针)　15cm(66针)　11cm(48针)

15cm（79行）

左领（减针）
12行平
6-1-4
4-1-10

袖（减针）
12行平
4-1-2
2-2-2
2-3-3
2-3-1
2-4-1

5cm（22针）

18.5cm（98行）

36.5cm（193行）

5cm（26行）

47cm（206针）

后片

11cm(48针)　15cm(66针)　11cm(48针)

1.5cm（8行）

领（减针）
12行平
2-3-1
2-5-1

袖（减针）
12行平
4-1-2
2-2-2
2-3-1
2-4-1

5cm（22针）

47cm（206针）

花样A

5cm（22针）

115cm（610行）

前片

10cm 33针　20cm 58针　10cm 33针

20cm

10cm

30cm

5cm

4-2-6
1-6-1

4-1-1
4-2-13
2-2-1

花样A　花样A

80针　80针

花样A　花样A

160针　　47cm

后片

10cm 33针　20cm 58针　10cm 33针

平收50针

2-1-2
2-2-1

4-2-6
1-6-1

花样A

花样A

160针　　47cm

领

花样 A

领

花样 A

袖片

70针

140针

150针

2-2-2
2-3-5
2-2-5
1-6-1
4-2-5

17cm

10cm

36cm

2cm

90针

【成品规格】胸围 94cm　衣长 65cm　袖长 65cm

【工具】14 号棒针

【材料】细毛线

【密度】10cm²：34 针×50 行

【制作过程】起罗纹边编织花样 A5cm，平针编织 30cm 改织花样 A。前片分左右编织，前后片缝合。挑针编织领边，袖片按样衣图片编织与正身缝合。

时尚妩媚蝙蝠衫

【成品规格】胸围 96cm　衣长 65cm　袖长 50cm

【工具】1.7mm 棒针

【材料】细羊毛线

【密度】10cm²：44 针×53 行

【制作过程】横织，从袖子起平针，照样图织完（花样 B），中间留领对折把身缝合，另挑衣服底边 210 针，织花样 A15cm，袖头 106 针织花样 A，织帽子缝上。

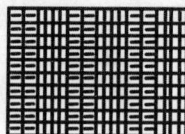

花样 A 双罗纹

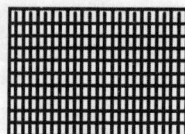

花样 B 平针

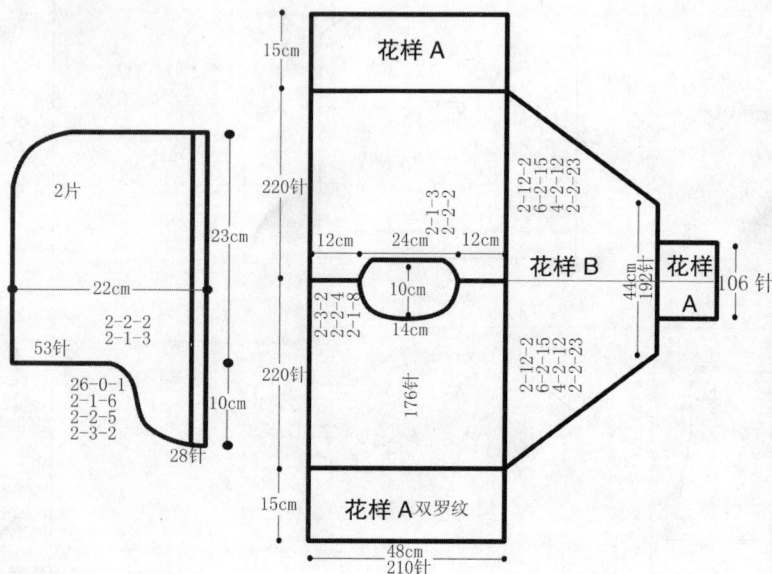

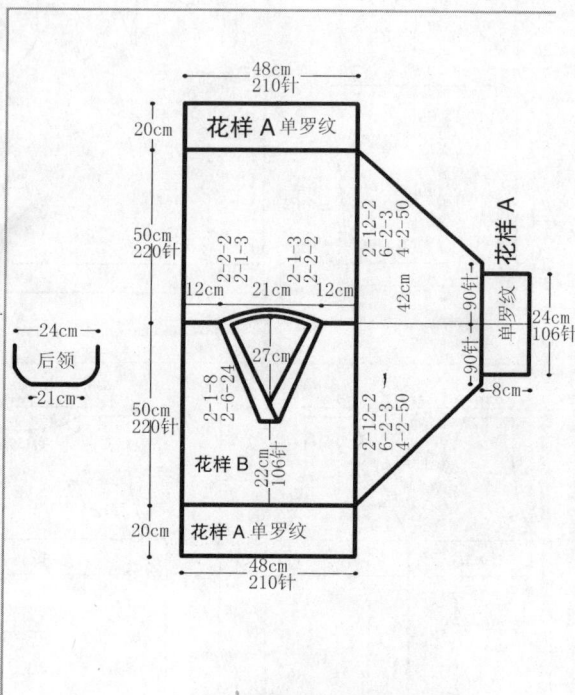

【成品规格】胸围 96cm　衣长 70cm　袖长 50cm

【工具】1.7mm 棒针

【材料】细毛线

【密度】10cm：44 针×53 行

【制作过程】横织，从袖子起平针前后片分织，照衣样图织完前后片缝合。挑织衣服底边、袖边、领边。

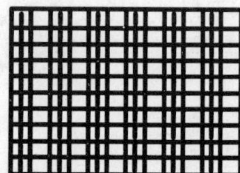

花样 A 单罗纹

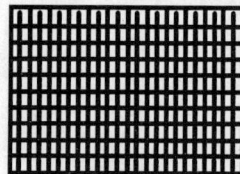

花样 B 平针